海狸兵法

歐洲企業家的經營哲學

于漢源=著

編輯室報告

行政院經建會在民國八十九年八月通過的「知識經濟發展方案」中指出：近代經濟的發展，來自於生產力長期的累積增加；生產力長期持續增加的原因，即來自於知識不斷的累積與有效應用。近十年以來，由資訊通訊科技所帶動的技術變革，已徹底改變了人類生活與生產的模式，在二十一世紀也將成為影響各國經濟發展榮枯的重要因素。

根據經濟發展的階段來區分的話，社會經濟體系粗分為農業社會與工業社會。在農業社會，土地與勞力是決定經濟發展的主要力量；在工業社會，資本與技術是決定經濟發展的主要力量。

近年來，經濟學家發現，資本不再是主導經濟發展的力量，知識的運用與創新才是經濟成長的動力。因此，以知識為基礎的經濟體系於焉形成，形成繼工業革命之後另一個全球性的經濟大變革。

知識經濟是指以知識的生產、傳遞、應用為主的經濟體系。在知識經濟體系下，新的觀念與新的科技快速往前推進，您跟上時代了嗎？您找到自己位置了嗎？您的競爭力夠嗎？

知識經濟並不僅存在於知識分子，也不是在高科技產業中才看得到，個人和企業若是具備改革和創新的能力，也就是有效的利用資訊來創造價值的能力，就是在實踐知識經濟。

不管是個人或企業，善用知識經濟的力量，可以達到創新、提高附加價值、降低成本、提升競爭力，進而完成新高峰的個人價值或企業發展。

在這個全新的時代裡，每個人都擁有無數的機會，成功的故事隨時都在上演，只要您願意提升個人的競爭力，善用頭腦發現創意，明日，人生的舞台上您就是衆人矚目的主角。

有緣於此，宇河文化特別精心規劃了【知識精英】這個書系，邀請在工商產業界擁有豐富實戰經驗的重量級人士，傳遞他們的知識與經驗，幫助您、我在這個競爭激烈卻也希望無窮的時代裡，找到自己的成功。

前言　海狸的啓示

雖然其智商遠低於人類，可一個無庸質疑的事實就是：動物們總是能夠帶給人們啟發，當人們在現實社會中遇到各種問題的時候，他們當中的很多人會想到要從動物界當中尋求啟示。

千百年來，人與動物朝夕相處，也從牠們身上汲取了無盡的靈感。比如說，每當要形容一個人勤奮的時候，中國人首先想到的字眼往往是「老黃牛」，與此相對應的是，在英語文化當中，人們總是會把海狸當成是勤奮的代表。身為世界上最大的齧齒類動物，除了以勤奮著稱之外，海狸還有著很多傲人的頭銜：「大自然的建築師」、「天然作戰兵團」、「高貴的皮毛獸」……

在企業管理領域，很多人一提起海狸就會想起德國最大的家庭裝飾公司歐倍德集團，該公司目前是國際上最先創建家庭裝飾市場的著名跨國連鎖集團，全球連鎖店超過470家，企業規模名列德國第一，全球第四。

說起歐倍德的創業史，我們就要不可避免的談到海狸。據說這家公司的創始人就是在受到海狸的啟發之後才在1970年創立這家公司的。其實深受海狸精神激勵的，遠不止這家公司，由於海狸在中北歐都有著大批的分佈，所以海狸一直是許多歐洲人熟悉的動物，而數百年以來，海狸精神也一直在激勵著各色各樣的歐洲企業軍團，來自歐洲的企業家們也在以他們特有的方式在這個世界上不斷四向奔突，堅忍與謀略並重，取得了自己的發展。

說起企業管理，東方的企業經理人們首先想到的是以哈佛、沃頓、史丹福等為代表的美國商學院們，可是歐洲人似乎根本不吃這一套，他們始終默默堅守著自己的經營哲學，並在長期的征戰當中總結出了屬於歐洲人的海狸兵法，於是就有了諾基亞、摩托羅拉、宜家家居、家樂福、歐倍德……歐洲軍團的崛起，似乎從某種程度上也驗證了海狸兵法的效用。

百科全書當中這樣介紹海狸：也稱狸獺、沼狸，隸屬哺乳綱、海狸科、海狸屬。最大的囓齒動物，體長40～60公分，尾長22～42公分，體重5～10公斤，大的重達17公斤。頭較大、鼻小，在水中能關閉。耳小具瓣膜，耳孔處具毛有防水作用。門齒大而長，呈桔紅色。四腳黑色，後腳具蹼。背部具有針毛和絨毛，腹毛比背毛多而厚。背部黑色、體側橙黃色。腹部土黃色。

而對於歐洲的企業家們來說，海狸們則會帶給他們無窮的管理啟示。

海狸是戰略高手。我們知道，海狸的強項是選址築壩。而在建築任何堤壩之前，選擇地形與設計圖形都無疑是最為重要的戰略工作。海狸在這方面可謂不折不扣的高手。據說在每次選定築壩位址以及水壩之前，海狸們都會跟自己的同伴進行詳細的規劃，其精細程度不亞於人類建築師們設計一幢大樓。

海狸還是用人高手。建築水壩是一項龐大而複雜的系統工程，海狸們之間在進行合作的時候自然也不可避免地要考慮到彼此之間的溝通協調、相互激勵、分工合作等問題。其中在進行分工的過程中，海狸們會主動根據自身的特點選擇自己的位置，牠們不會爭權奪力，更不會相互排擠，相反，在進行分工的過程中，牠們會表現出驚人的寬容與自知，自己能做什麼就去做什麼，絕對不會承攬超出自己能力範圍的工作，也不會在同伴們當中「藏一手」，不去管那些自己能夠勝任的事情。

海狸是善於合作的。在透過共同合作的方式來完成一項工程的時候，牠們事先會進行細緻地協商，而一旦計劃落定，他們就會嚴格執行計劃。據説在開始建築水壩之前，海狸們首先會進行好溝通，大家共同設計出最佳的方案，而一旦方案確定，當第一隻海狸把第一根樹枝放到指定的地點的時候，第二隻海狸就會嚴格按照第一隻海狸的方式放下第二根樹枝，而完全不會擔心第一隻海狸的做法是否有問題。

海狸無疑是勤奮的。我們知道，由於是在水中築壩，所以海狸們辛辛苦苦搬來的樹枝經常會被水沖走，於是牠們只好再去尋找新的樹枝，就這樣，雖然整個工作單調、重複、枯燥，但海狸們還是會一絲不苟地嚴格執行原來的計劃，絲毫不會因為受到挫折而亂了陣腳，更不會因此而灰心喪氣。

海狸還最懂得「天人合一」的道理。在大自然當中演變了幾千年的海狸們深深懂得大自然的威力，所以無論在任何情況下，他們都會首先考慮到與自然環境的和諧。海狸們深知，周圍的環境是無論如何也無法改變的，在這種情況下，牠們只有兩種選擇：要麼按照自己的意願去改變環境，要麼熟悉並學會利用環境。牠們選擇了後者。

海狸們還是最富有執行精神的。天性勤奮而憨態可掬的海狸們似乎還沒有養成「喊口號」的習慣，對於牠們而言，討論的結果似乎注定就是被用來執行的，牠們似乎並不瞭解，如果不是為了解決實際問題的話，為什麼大家會坐到一起花上那麼多時間制定那繁雜的計劃？

……

海狸們的做法並不複雜，而且除了其築壩的構造方面能夠帶給建築師們一定的啟示之外，海狸們似乎也沒有表現出太多的管理天賦。但正如在《從A到A$^+$》一書當中大名鼎鼎的吉姆・柯林斯教授談到的「狐狸與刺蝟」的寓言那樣，卓越就是把簡單的真理堅持做到位。而這本《海狸兵法》所帶給讀者們的最大價值，恐怕也正是一些「簡單的真理」！

目錄

第一章

海狸心得1

戰略爲先，明天的贏家靠正確地做正確的事

據說，在每次建築水壩之前，海狸們都會精心挑選築壩的位址，爲了使水壩的效用能夠達到最大，而且能夠在修建的過程中最大限度地利用周圍的環境，海狸們總是會精心地計算好水流量、周圍地形、附近資源等情況，從而爲修建出精美的水壩打下良好的基礎。深諳築壩之道的海狸們懂得：初期的戰略非常重要，如果選擇錯誤的話，所有的後續工作都將收效甚微，乃至功虧一簣……

孤獨制勝的印地安部落

被譽爲「競爭戰略之父」，身兼保潔、杜邦、英代爾衆多「世界500大」企業的獨立董事和戰略顧問的邁克爾・波特（Michael E Porter）在闡述競爭戰略時，曾講過一個關於印第安部落的寓言故事：

加拿大東親部布拉多半島的原住民地區活躍著幾支部落，他們均以狩獵爲生。經過長時間的生存博弈之後，最後只剩下一支印第安部落得以存留。這支部落成爲倖存者的原因令人匪夷所思：其他部落在狩獵之前，都會總結過去的成功經驗，然後選擇最可能獲取獵物的方向全力出擊；而這支印第安部落卻以一種文明人看來十分可笑的方法來進行決策，他們請巫師作法，在儀式上夢焚鹿骨，然後根據鹿骨上的紋路確定尋找獵物應朝的方向。

透過競爭自下而上下來的強者卻是焚燒鹿骨和巫師作法的那個印第安部落，而看似準備充分的部落最終銷聲匿跡，這到底是什麼原因呢？

這個故事的重點不在於科學與迷信之間，而在於幾個部落的競爭戰略。按通常的做法，如果頭一天滿載而歸，那麼第二天就再到那個地方去狩獵，應當是很科學的狩獵，而且在一定時間內，他們的生產可能出現快速增長。但這只是停留在戰術層面上，只能算是正確地做事。靠這種方法做事的結局正如彼得·聖吉說的，有許多快速增長常常是在缺乏「系統思考」、掠奪性利用資源的情況下取得的，其增長的曲線明顯呈拋物線狀——迅速到達頂點後迅速地下滑。這就是那些部落滅亡的根本原因，因爲他們過分看重他們以往取得的成果，就會陷入因濫用獵物資源而使之耗竭的危險之中。

打獵實際上是獵人與獵物之間的博弈，如果獵人的行爲受制理性選擇，那麼他們實際上是在以不自覺的方式訓練對手（獵物），使得自己變得越來越透明，越來越容易對付，對手變得越來越聰明，獵人自己的核心競爭力越來

越下降，直至最後喪失。

這使我們想到了「磨光理論」：資訊的效用有賴於其獨享性，如果一個資訊被充分共用的話，它的優勢和效用就被「磨光」了。因此，決策行爲是悖論式的。

所謂資訊，就是「被消除了的不確定性」，決策行爲一方面要力圖消除不確定性，追求透明度，另一方面又要維護不確定性，保持不透明。管理中有明顯的理性成分，所以它具有科學性；但它不僅僅是科學性的，而且富於藝術性甚至是巫術性。

管理實際上是在確定性與不確定性、透明與不透明之間走鋼絲。一個成功的管理者身上，往往同時具備科學家、藝術家和巫師的素質。

跟風，只會產生「輸」途同歸的「戰略同質化」現象

跟風是一種最爲可怕的現象，在中國「跟風」似乎成了最主流的「戰略」模式，其結果就是：行業競爭激烈、價格戰層出不窮、行業平均利潤像坐滑梯似的直線下滑。「江山代有人才出，各領風騷兩三年」，中國企業有太多都像歷史上那幾個消失的印第安部落一樣。

「戰略同質化」現象是如何產生的呢？

從整體市場環境來看，當不確定性因素明顯增多、競爭變得異常充分時，企業之間相互模仿的速度定會驟然加快，進而催生「戰略同質化」現象。「戰略同質化」直接導致的結果是企業戰略的缺位，每一家企業事實上都沒有戰略，大家只是在戰術層面拼命廝殺，玩一場看不見未來的「狩獵遊戲」。可以想像一下，那些「理性」的部落是如何被淘汰的：隨著時間的推移，部落之間對獵物的競爭不斷加劇，而他們每天狩獵的方面經過「分析」後變得漸趨一致——從某種意義上講，這些部落看重的不是制定行之有效的戰略，而是高效地完成預定任務。最後，大家只好在同樣的狩獵區域殺個魚死網破，「輸」途同歸。

根據邁克爾·波特的競爭戰略，戰略定位（Srtegic Position-ing）意味著營運活動有別於競爭對手，或者雖然類似，但是其實施方式有別於競爭對手。焚燒鹿骨和巫師作法的那個印第安部落的競爭戰略雖然在戰術上出現了很明顯的錯誤，但是它自下而上下來的核心因素——競爭戰略，卻是明顯的優於其競爭對手。

重視戰略思考，在戰略研究上投資

有報導說，國外的企業家花在戰略思想、戰略研究上的時間占全部工作時間的60%。而我們的企業經營者對此卻很少有深入的思考。很多企業從一開始乃至直到企業破產也沒有制定出一個企業發展的戰略，而是走一步算一步，走到哪裡算哪裡，或者根本就是錯誤的發展戰略。而一個企業戰略的失誤卻往往是致命的，難以挽回的。

有鑒於此，企業經營者應該增強戰略意識、強化戰略思維，盡力做好企業戰略研究設計，並根據市場形勢的變化，適時調整企業的戰略重點，從而把企業引向勝利的彼岸。

任何時候，對於任何人或者組織而言，「做正確的事」都要遠比「正確地做事」重要。對企業的生存和發展而言，「做正確的事」是由企業戰略來解決的，「正確地做事」則是執行問題。如果做的是正確的事，即使執行中有一些偏差，其結果可能不會致命；但如果做的是錯誤的事，即使執行得完美無缺，其結果對於企業來說也肯定是災難。

那麼，爲什麼有些看起來非常完美的戰略卻遭到了失敗呢？這些戰略的失敗多半不是由於戰略實施中出現了問題，而是由於戰略本身存在缺陷。

在競爭日趨激烈的資訊化社會，要制定一個正確的戰略確實不是一件容易的事情。企業的領導人不但要應付來自市場調查和大眾傳達室媒的資訊洪流，還要避免被不斷湧現的形形色色的管理時尚所迷惑。這種狀況對企業的領導人提出了更高的要求——領導人要有足夠的判斷能力，要把握一定的戰略原則，這些原則要經得起時間的考驗。

威爾許時代的GE公司首先得益於做正確的事——選擇正確的戰略發展方向，亦即投身於前景良好的高新技術產業和服務業，不同局限於傳統的製造業。1981年威爾許一上臺就提到：未來商戰的贏家，是那些能夠加入到眞正有前途的行業，且在人事精簡、成本控制、產品與服務質量、全球化經營等各方面都數一數二的企業。

基於對未來經濟形勢、競爭實力和全球化思維的判斷。威爾許提出了究竟要做什麼的「三環」戰略：保留和增強核心圈、高科技圈和服務圈內的企業競爭力，而對於三個圈外的企業，則要進行「調整、關閉和出售」。

因此，威爾許一方面出售了150多家企業，解雇了13萬

員工；一方面卻大力加強對醫療保健技術產業的研發投入，3年內進行40多項兼併活動，切實增強GE醫療系統的競爭實力。在把家電業務出售給湯姆遜公司的同時，卻要求換取對方的醫療設備業務，增強了GE醫療在歐洲市場的競爭力。在退出礦業等極不相關的業務領域時，卻大力投入與GE各產業集團高度協同的金融服務業，使得GE capital成爲公司後來最重要的利潤增長點和貢獻力量。

從威爾許對GE公司的業務結構變革中不難看出，威爾許時代的GE公司的成功得益於公司戰略重點從「過度多元化」向「整合多元化」（一看市場、二看協同）戰略的迅速轉移，是威爾許從戰略方向上以專業化經營的指導思想，對公司多元化業務進行細分和重新組合、聚焦於未來產業和利潤增長點的結果。而且，「數一數二」目標是員工效率、服務質量、成本控制、營運過程等綜合實力的卓越體現，是專業化經營管理能力的成功塑。「整合多元化」和專業化經營管理迸發的競爭力量，正是威爾許時代的主旋律。

第二章

海狸心得2

「多」必不如「專」

每一次修建水壩都是一次團隊作業。在進行分工的時候，海狸們總是能夠最大限度地發揮個人所長，儘量細化分工，沒有一隻海狸會企圖讓自己成爲全才。

而且據說不同地區的海狸修建水壩的形狀和難度也是不一樣的——牠們總是能夠適應地形，找對自己的「市場定位」。在地處中歐的捷克地區，流傳著這樣一句諺語，深刻地說明了海狸的這一特點，「薩以（地名）的海狸築高壩，都滿（地名）的海狸奔低水」。

築牆哲學：專業化的成功與多元化的失敗

美國思想家W・P・弗洛斯特說：「在築牆之前應該知道把什麼圈出去，把什麼圈進來。」企業的經營方向的選擇應如同築牆，築牆的目的是要保護牆裡的東西。選擇經營方向就是要決定自己經營什麼、不經營什麼，這就涉及到了專業化與多元化問題。許多企業由於選擇不當，導致了失敗。

你知道狐狸和刺蝟的最大區別是什麼嗎？

古希臘有一則寓言，講的是狐狸和刺蝟爭鬥的故事。

狐狸知道很多小事，想使出各種手腕吃掉刺蝟，但是刺蝟只記住一件大事：自己有一身帶刺的外衣，千萬不能丟掉。儘管狐狸比刺蝟聰明，但爭鬥的結果卻是刺蝟屢戰屢勝。

實踐證明，所有把優秀公司改造成偉大公司的領導都是刺蝟。他們知道怎樣從一件十分複雜的問題中簡化出一個單一的、有條理的理念，並以這個理念作指導，做出所有的決定。

這不是說刺蝟們頭腦簡單。事實上，所有眞正偉大的思想家都像刺蝟，他們能去繁就簡，從中找出簡單但又深刻的規律。揚州八怪之一的鄭板橋曾有一副名聯：「刪繁就簡三秋樹，標新立異二月花。」

自由主義思想大師以賽亞・柏林從這則寓言中得到啓發，他把人也分爲狐狸和刺蝟兩種：狐狸追求多種目標，其思維是擴散性的，不成體系；刺蝟則把複雜的世界簡化成一個簡單理念，讓它發揮主導作用。刺蝟並不笨，牠只是注重本質而忽略其他。

去繁就簡應用在市場行銷的實戰中，是指要想使你的產品深入人心，必須勇於捨棄，對產品功能刪繁就簡，重點突出。傳播學的原理認爲：傳播得越少，接受得就越

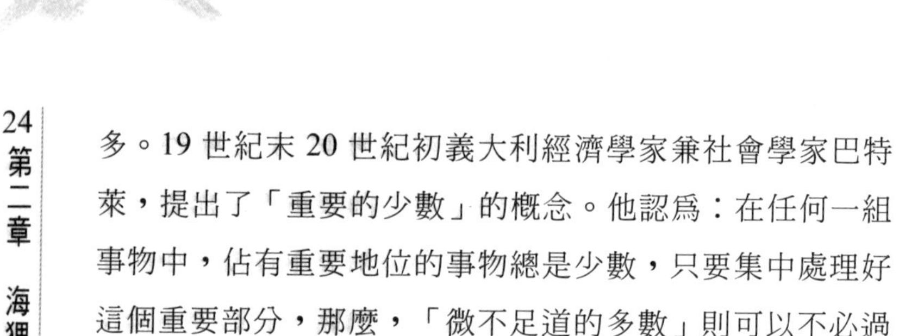

多。19 世紀末 20 世紀初義大利經濟學家兼社會學家巴特萊，提出了「重要的少數」的概念。他認爲：在任何一組事物中，佔有重要地位的事物總是少數，只要集中處理好這個重要部分，那麼，「微不足道的多數」則可以不必過分糾纏，甚至可以忽略不計。故而只又被稱之爲「80 ／ 20」定律。

市場經濟中的擴張與捨棄法則（Law ov Line Extension and Sacrifice）指出：就像一個書櫥或衣櫃你在不知不覺把它塞滿一樣，當一個公司試圖向所有顧客提供所有可能的商品時他就會逐漸陷入困境。

多即是少，產品線越長，賺取的錢就越少；少就是多，如果一個公司想要長久的發展，那就應該集中在少數產品上，以便穩固在人們心中的地位。

如果你希望獲得成功，必須學會捨棄一些東西，使自己的精力集中在能夠成爲「領袖」的產品上。對企業來說，有三種東西可以捨棄：

第一個可以捨棄的是產品線。對於一個公司而言，擁有全部的產品線是非常奢侈的想法。

第二個可以捨棄的是目標市場。由於可口可樂是領導品牌，所以百事可樂捨棄了除年輕人之外的其他市場，將自己定位爲年輕人的可樂。

第三個可以捨棄的是「應激反應」。因爲你是不可能回應所有的市場變化而做變化的。

事實證明，幸運和機會只會落在那些懂得捨棄的人身上。

同樣，那些把優秀公司改造成偉大公司的領導都具有「刺蝟思維」，即：他們的理念看似簡單，但卻反映了對事物的深刻理解。

1989年，中國大陸的海王還是一個默默無聞的小公司，那時海王老闆張思民的全部家當不過3000元；1993年，海王紅極一時，資本規模高達十幾億，旗下有近10個分公司；但是接下來，大概從1995年開始，在長達5年的時間裡，海王從公衆的視野中消失。

1995年春天，坐在深圳海王大廈第28層樓上，張思民第一次清晰地感到恐懼。這個時候，集團旗下子公司多達四、五十家，多得連張思民自己都弄不明白。

與國內同期大多數民營企業家一樣，張思民一步邁進了多元化陷阱。

與大多數第一代民營企業家一樣，張思民必須面對突如其來的成功，必須面對不可複製的經營模式，必須經過多元化陷阱的折磨，也必須重新確立公司的核心競爭力——大多數企業家在這片沼澤地訇然倒下，幸運的是，海王最終站了起來。

海王爲什麼沒有倒下呢？這是因爲張思民終於看準了企業的弊病，在一番揮刀砍伐後，海王將三家製藥公司合併成「海王生物」。海王經過概念置換，從上市之初的生化制藥概念轉變成基因製藥概念並將謀求海外上市面上受阻資本，分兩步納入上市公司的殼內。

海王的乾綱獨振，保證了其在2000年度交出了令人滿意的成績單，主營業務收入 199898.12 萬元，主營利潤15623.84萬元，淨利潤6153.35萬元，每股收益0.4元，分別較上年增長125%、130%、98%、100%。

企業的經營戰略也需要去繁就簡，「主業突出」是衡量一個企業長遠贏利能力的重要指標。有的經濟學家把貪大求全、不顧實力、拼命擴張稱之爲「韓國病」，亞洲金融風暴中的「韓國病」——大企業惡性膨脹、大智若愚歸因於多元化的陷阱。說得更形象一點就是：投資者在一個精心選擇的籃子裡，集中放置了自己有限的全部雞蛋。

凱因斯經濟學的開山鼻祖、英國經濟學家約翰‧梅納德‧凱因斯（John Maynard Keynes）早在1934年就曾在給他的生意合夥人的一封信中寫道：「隨著時間的流逝，我越來越確信：正確的投資方法是將大筆的錢投入到一個他認爲有所瞭解以及他完全信任的管理人員的企業中。認爲一個人可以透過將資金分散在大量他一無所知或毫無信心的企業中就可以限制風險完全是錯誤的……一個人的知識和經驗絕對是有限的，因此在任何限定的時間裡，很少有超過兩家或三家的企業，使人認爲有資格將我的全部信心置於其中。」

當時的青年經濟學家、身爲「京城四少」之一的魏傑，在一次命題爲「十字路口的民營企業」的對話中說：「多元化經營是要有前提的，一是企業的主業發展已經到了一個非常高的程度，市場佔有率、技術水準、管理水準都無懈可擊，企業的發展餘地到頂點了，剩餘資本還有一大堆；二是進入的領域必是優勢所在。

兩者缺一不可。現在一些民營企業主業未做好，就急著鋪攤子，借了錢往裡扔，結果統統被套死，是企業把多元化變成了一個大陷阱。巨人集團正是這樣掉進了多元化的大陷阱而不能自拔。」

史玉柱本人也在「我的四大」失誤中說：第一，盲目追求發展速度；第二，盲目追求多元化經營（電腦、房地產、保健品等）；第三，「巨人」決策機制難以適應企業的發展；第四，沒有把主業技術創新放在重要位置。

韓國三星集團就曾經患過「韓國病」。當時，這家超級企業財團的業務幾乎無所不包，經過重新定位的刮骨療毒式的業務重組，將集團業務集中於電子、通信、半導體等核心產業，它才成為亞洲金融風暴過後從危機中獲得成功再生的韓國旗艦企業集團。

自20世紀80年代以來，國際企業界興起了影響深遠的業務重整之風。許多歐美企業開始大規模拋售非主導業務（包括非盈利和正在盈利業務），目的是為了重塑核心產業優勢。它反映了現代企業為更有效地參與國際市場競爭而進行的經營管理要領的轉變。

多元化經營也能成功

許多企業從事多元化出現了失敗，但這並不能否定多元化，只要正確地運用，多元化也能成功。比如，世界知名的耐克公司。甚至還「違背」了某些產品組合觀念，但它透過提供風格各異、價格不同和多種用途的產品，耐克公司吸引了各式各樣的跑步者，使他們感到耐克公司是提供品種最全的跑鞋製造商。在急速膨脹的市場上，耐克公司發現它能以其種類繁多的產品開拓最寬廣的高層，把鞋賣給變通零售商，甚至還能繼續與特種跑鞋店做生意。

一般說來，型號繁多，每種產品生產最小，會使生產成本增加，但耐克公司有自己的妙方，把生產鞋的大部分任務承包出去——約85%承包給國外的工廠，大多數是遠東地區的工廠。由於許多外國工廠按照合同生產部分產品，因而，各種產品生產量小對耐克公司來說是一個無足輕重的經濟障礙。我們看到儘管提供大量小批量的產品會增加成本，但是它所帶來的聲譽卻可以挽回一切。耐克公司就這樣透過擴大多元化贏得了成功。

以下是對企業實行多元化擴張經營的一些提醒：

(1)**企業擴張要掌握好一個「度」**。企業——特別是產品有一定知名度和競爭力的企業，都企圖透過擴大市場覆蓋面而儘快擴大規模提高效益。但擴張不能太快，一定要選好專案、找準關鍵、量力而行。因爲市場擴大對企業發展是機遇，同時也是失卻優勢的危險所在，擴張過速，其管理、技術、經驗等都跟不上。產品銷售市場並非越大越好，而是要掌握好一個「度」，保持與自己優勢相適應，這樣才能始終掌握市場的主動權。如果市場擴張與自己的能力失衡，長期以往，弱點會越來越明顯，勢必爲競爭者擊敗。

(2)**資金和債務成一定的比例**。企業的擴張主要是靠借債和資金的自我累積。資金累積慢，這時主要是靠債務，這就會使企業處在一種高財務風險基礎下運作，容易陷入債務危機。可見，單純的資金累積是不對的，而單純的債務擴張也不對，而應是資金和債務成一定的比例。資金每年賺的利潤再追加投資總是有限的，因而靠的就是債務擴張，結果是企業膨脹了，債務也膨脹了，同時也產生了許多惡性債務，企業不僅沒帶來效益，反而會使企業背上沈重的經濟包袱。

(3)**加強對企業經營者經營行爲的監督，杜絕盲目投資擴張**。不能讓經營者權力過大，對投資大、風險高、周期長，關係企業生存發展的專案要廣泛論證，三思而行，不可草率從事。據調查，現在有相當多的大型企業下屬公司一大堆，這樣的投資風險，這樣的擴張方式，實際上是非常不合理的，必須給予高度的關注。

第三章

海狸心得3

慢半拍，才會贏

勤奮不等於盲動。海狸在修建水壩的時候從來不會去追求速度，更不會去盲目地攀比。對牠們來說，做「第一」毫無意義，這一點在搬運樹枝的過程中體現得尤爲明顯——無論要搬運的樹枝有多大，海狸們總是會把握好速度與品質的關係，牠們有時甚至會爲了搬運一根大的樹枝而忙上一整天。據動物學家們介紹說，海狸修建的水壩之所以穩固，主要是因爲牠們不用去追趕工期，而且善於總結其他海狸們的失敗經驗。

先人一步未必先贏

俗話說：「慢工出細活」。事情做好的標準是好而不是快。可是如今有的公司一味貪求多、快、省，渴望大躍進，最後卻沒有把事情做好。我們所要避免的就是浮躁、功利。許多事物都有它自身的規律，違背規律去尋求捷徑，其實是得不償失的。

農夫在地裡同時種了兩株一樣大小的果樹苗。第一株樹苗拼命地從地下吸收養分，儲備起來，滋潤每一個枝幹，積蓄力量，默默地盤算著怎樣完善自身，向上生長。另一株樹苗也拼命地從地下吸收養分，凝聚起來，開始盤算著開花結果。

第二年春，第一棵樹便吐出了嫩芽，卯足勁向上長。另一棵樹剛吐出嫩葉，便迫不及待地擠出花蕾。第一棵樹目標明確、忍耐力強，很快就長得高大茁壯。

另一棵樹每年都要開花結果，剛開始，著實讓農夫吃了一驚，非常欣賞它。但由於這棵樹還未成熟，便承擔起了開花結果的責任，後來累得彎了腰，結的果也酸澀難吃，還時常招來一群孩子石頭的襲擊。

時光荏苒，終於有一天，那棵久不開花的壯樹輕鬆地吐出了花蕾，由於養分充足、高大強壯，結出了又大又甜的果實。而此時那棵急於開花結果的樹卻成了枯木。農夫詫異地歎了口氣，將那棵瘦小的枯木砍下，用來生火。

在這個人人奮勇爭先追求最大利潤，每個人都不願意吃虧，都瞪大眼睛想著謀取一個接一個的成功的時候，換個角度也許不失是個良策。

一個年輕人向一位智者請教成功之道。智者只是拿了3片大小不等的西瓜放在年輕人面前：「如果每片西瓜代表一定的利益，你會選哪一片呢？」

「當然是最大的那一片啦！」年輕人毫不猶豫地回

答。

智者微微一笑：「那好，請吧！」智者把最大的那片西瓜遞給他，而自己則拿起了較小的一片。

很快，智者把西瓜吃完了，隨後拿起了擺在他們面前剩下的那一片。

年輕人突然省悟：智者先取得的雖不及他，但最終所得到的卻比他多。成功也一樣，如果每片代表一定的成功，那麼，他的成功顯然比自己多。可見，先選擇NO.1，最後未必是NO.1，而退後一小步，結果卻前進了一大步。

記得美國第9屆總統，威廉・亨利・哈里遜，他出生在一個小鎮上。

威廉是個羞怯的孩子，人們都把他看做傻瓜。鎮上的人常常喜歡捉弄他，常把一枚5分和一角的硬幣扔在他面前，可是他總是撿5分的。因此，大家更是嘲笑他。他也樂得在讓人笑逗中積攢了不少錢。

100個人中99個都選一角的那枚硬幣，那就是價值取向，也是常規的思路，是正常的思路，但常規和正常並不意味著能通向成功，因為沒有機會屬於你。

在市場中有許多重要的法則，其中有一條對立法則（Low of Oppsite）是這樣講的：有太多的「老二」希望能晉升為NO.1，但這是不對的，他們應該將自己定位成為與NO.1不同的東西，並努力成為NO.1的替代品。換句話說，如果你想與市場上的領導品牌抗衡，首先應當充分認識到領導的優勢和弱勢，並將其弱勢轉化為自己的優勢，另外還有一條二元法則（Law of Duality）認為：一個新的市場類別出現時，對應的階梯上可能有很多梯級。但從長遠來看，最終該階梯上將只有兩個階梯級。比如，在底片市場上是柯達和富士。

由此看來，臺灣企業的經營管理的概念中，有一種叫「老二」哲學的說法，是很有道理的。「老二哲學」說的就是：不做NO.1，不做NO.3，而只是緊緊跟在排名第一的後面做老二，瞄準機會再衝刺第一。也就是說：事實上沒有一家企業願意永遠屈居第二的，老二只是個過渡。對企業而言，尤其是在創業之初，要學會做「老二哲學」。

有些創業者以為第一個推向市場的創新產品或經營模式，就具備了領先創新的競爭優勢，便能成為未來市場的領導者。事實證明，最早進入新市場並不一定是最後的贏

家。曾經在制冰業極負盛名的新英格蘭企業大量投資於核心能力，企業一度掌握了刻痕和切製冰聲的更好方法，掌握了貯冰幾年的技術，以及成功地開發了能長距離運輸易壞食品的技術，成本也相對從每噸10美元—20美元降到10美元～20美分，從而佔據了世界市場，並一度成爲全球制冰業最有競爭力的企業，但是，隨著機械製冰技術的應用，切取大塊冰塊的核心技術顯得過時了；電力製冷技術的運用則使原先儲藏和運輸大塊冰時核心技術變得一文不值。

由此可見，領先一步只是時間與速度上略勝一籌，除非這個新產品具有很高的技術難度，或能夠持續創新，否則很難形成有力的阻進屏障，如此，跟隨者必將瓜分市場，甚至會借助先入的「巨人」的肩膀而獲得更豐厚的利潤。美國國際商務機器公司在開發新產品上總是「遲人半拍」，幾乎沒有市場上推出過位於新技術前列的產品，他們總是讓其他公司「領跑」，自己尾隨其後，從別的企業成功與失敗的經驗中尋找適合企業開發新產品的最佳「謀合點」，他們生產的商業機械在世界各地歷久不衰，取得了巨大的成功。

義大利派克公司在別的公司推出新產品，派出工程師和行銷人員到用戶家中探詢其產品的優點和缺點，並從用戶那裡掌握了第一手資料，在市場生產中截長補短，使用戶滿意，公司收益大增。

生存第一，「慢半拍」或許是捷徑

一個市場，10年以後的前景被描述得非常好，事實上確實也不錯，問題是：怎樣能讓企業挺過最初那兩三年？

生存比發展重要。在創業階段，企業生存的需要可能遠遠重於發展的需要。至於企業已經步入正常發展軌道還不採取措施上檔次，那也就不能造就企業家了。但是，我們不能不提醒的是：一種「大躍進」式的盲目發展是導致初創業快生快滅的主要根源。在探討中國企業成長史時，一些資料頗能讓人震撼：中國企業平均壽命七年左右，民營企業平均壽命只有三年，中關村電子子一條街 500 家民營企業生存時間超過 5 年的不到 9%。

眼下，不少企業領導認爲開發新產品應採取「先人一步」的戰略，此種先發制人的舉措無可厚非，但有些中小企業本無「先人一步」的能力，也拼命地往前衝，結果常使企業處於困境。

「先人一步」必須具備了一定的實力方可行事，「慢人半拍」也非無能，尤其對那些技術力量單薄、資金不雄厚、技術人才缺乏的初創企業，企業當家人更應三思而後行。

對於創業者來說，在開發新產品時，創造較好的經濟效益關鍵不在於是「先人一步」，還是「慢人半拍」，而在於抓準了、抓住別人開發新產品的「時間差」，打出好的「落點」，從別人產品中汲取優點和長處，不斷改進自己的缺點和不足，截長補短，在市場上同樣能唱出後發制人的好戲來。

走不一樣的路，可能會曲徑通幽

跟進法則（Law of Acceleration）認爲：跟風是隨著潮流跟著走或曰跟是一種眼光，是對事物發展趨勢的預測。潮流就像大海中的波濤，壯觀但來去匆匆，而且還伴有許多的泡沫；而趨勢像是潮汐，潛移默化、實實在在，卻力量驚人。企業常常將潮流當成趨勢，結果導致嚴重的失敗。

對「老二」而言，技術創新「跟著走」是不戰而屈人之兵的上策。需要說明的是：技術創新「跟著走」與盲目跟風不是同一個概念。跟風是照本宣科，依樣畫葫蘆，「跟著走」是吸取精華，再截己長補其短。

日本新力公司在不久前曾向外界公佈了一個秘密，帶給我們很多啓示。過去，「新力」在研發上投入很大，但往往只開花不結果，費了九牛二虎之力將新產品推出之後，別的公司卻往往已經掌握了相關技術，所以「新力」成了冤大頭，爲他人做嫁衣。爲此，「新力」改變了策略，緊跟市場，待別人推出新產品打開市場後，索尼馬上研究其不足，透過進一步的技術創新開發並迅速推出其第二代產品，在性能、加工、設計等方面都優於對方的第一代，結果，取得了「青出於藍而勝於藍」的技術創新和市場競爭效果。

技術創新「跟著走」雖然是條捷徑，但並非是一蹴可幾的易事，它要求「跟著走」的資訊一定要靈，動作一定要快，否則，就會跟不上。中國的國產手機，也曾採取在發達國家的同行後「跟著走」的技術創新策略，但由於在跟蹤的過程中犯了大公司病，反應遲緩，動作不快，結果產品出廠時已屆市場飽和點，致使事倍功半，留下了長久的遺憾。

成功不是一定得跑在前面，而是與衆區隔開來，所謂的「差異化」。對於創業者來說，不僅是技術創新，即使品牌戰略，也要學會做老二。老二應心明眼亮，對自身品牌在市場信息地位以及在顧客心目中的位置要了然於胸，再針對NO.1的品牌戰略，走差異化的品牌路線，在具備了相當的實力後再確定其品牌戰略目標，瞄準NO.1相對較弱的環節，誠如前面「對立法則」所講的開發有足夠攻擊力的產品，並在服務、管道上進一步創新，並實施整合廣告行銷傳播，向NO.1發起一場卓有成效的品牌競爭戰役，趕上甚至超越NO.1品牌的認知度、美譽度及客戶忠誠度，從而贏得顧客。古希臘神話的英雄阿基里斯，本有超乎凡人和刀槍不入的本領，然而他敗在了太陽神的手下，因爲太陽神阿波羅知道他的弱點是腳後跟。按照現在人們的話，螞蟻也能絆倒大象，小狗也能打敗大斑馬，其深刻道理就在於此，我們把目光轉向企業，可見「百事可樂」挑戰「可口可樂」的佳績、佳能在影印機市場超越「施樂」以及電腦行業「戴爾」的崛起，這就是老二們的希望。一擊法則（Law of Singularity）說：你的競爭對手往往有一個最薄弱的地方，你的最大任務就是集中優勢力量對準這個軟肋，發出致命一擊。

總之，創業者學會做「老二」，並不是目的，是一種手段，目的是爲了成爲老大。不積跨步，無以至千里。創業者學會做「老二」，是一種現實的選擇，是生存的需要，畢竟資金有限、實力捉襟見肘、技術及人才資源不足……若被雄心勃勃、豪言壯語、大幹快上的「創業激情」沖昏了頭，這是螳臂當車不自量力的以卵擊石。學會做老二是一種經營謀略，在跟隨之中從老大身上汲取寶貴的經驗，吸取老大的失敗教訓，最後截長補短地成爲老大。

第四章

海狸心得4
利用好周圍的一切

由於修建水壩這項工作本身就與環境有著密切的聯繫，所以海狸們在修建水壩之前總是會精心考量周圍環境的特點。比如說牠們會仔細比較水流的大小、水源的變化情況，以及周圍樹枝的供應量大小。不僅如此，在修建水壩的過程中，海狸們還會注意不要因爲取得原料而破壞周圍的環境，所以牠們總是會儘量搬運那些離水壩距離相對較遠的地方的樹枝，從而達到保護水壩附近原有環境的目的。

青蛙實驗：謹防環境殺手

青蛙實驗，說的是把一隻青蛙放到熱水鍋時牠能逃脫厄運，而放進慢慢加熱的冷水鍋中就不能倖免於難。根本原因，就在於青蛙對所處環境變化不易覺察，滿足於眼前舒適環境，對未來的惡劣環境預料不足，以致於逐步喪失了抵禦外界惡劣環境的能力。

對企業而言，環境是其生存的空間，也是一個不斷變化的過程。面對這幾年競爭環境的變遷，爲什麼有些企業能應變自如、獲得生機，而有些企業卻步履維難、關門倒閉？其原因與青蛙的實驗頗爲相似。變化的環境，如同逐步加熱的水溫，有些企業敏感性強，及時覺察，積極應對，因而處變不驚、應變自如、擺脫危機；可是有些企業感覺麻木、抱殘守缺、得過且過，圖一時之快，到了積重難返之時，只有慘遭淘汰的分了。因此，在當前複雜多變和激烈競爭的市場環境中，企業經營者們應吸取青蛙的教訓，時時保持警覺，高度關注市場環境變化，並及時果斷地做出應變和調整的決策。只有以變應變，才能永遠立於不敗之地。

大環境的改變能決定你的成功與失敗。大環境的改變有時是看不到的，我們必須時時注意，多學習、多警醒，並歡迎改變，才不至於太遲。太舒適的環境就是最危險的時刻。很習慣的生活方式，也許就是你最危險的生活方式。不斷創新，打破舊有的模式，而且相信任何事都有再改善的空間。

要能覺察到趨勢的小改變，就必須「停下來」從不同角度來思考，而學習，是能發現改變的最佳途徑。企業競爭環境的改變大多是漸熱式的，如果管理者與員工對環境之變化沒有疼痛的感覺，企業最後就會像青蛙一樣，被煮熟、淘汰了仍不自知。

所謂的「十倍速危機」是指：在通常情況下，宏觀環

境是緩慢變化的，但如果出現了某種能夠引起「十倍速變化」的驅動因素，環境就會發生巨變，企業之間的競爭也就會因爲這種因素而轉變爲「超級競爭」。比如個人電腦的大量使用、比如網際網路的應用，都是能夠引起「十倍速變化」的驅動因素。

現在，這種「十倍速驅動因素」也構成了一道道淘汰企業的絞刑架。企業的管理應當在新的競爭環境下謀求新方向，不能甘於在產業鏈中做苦力，轉而進行業務升級。而在所有的戰略氛圍面前，學會「邊用力拉車邊抬頭看路」而不僅僅是「埋頭苦幹」。

人是一種很奇怪的動物，不管是什麼原因，人們對於被改變，或者說強迫性的改變都會產生巨大的抗拒力。可是一旦從情感上認同你所講的東西，那麼，你就會自願地與其一起同行，並且創造性地完成目標。

天人合一：做動成長企業，就能與環境保持高度和諧

中國古代「天人合一」的思想，是個人與自然保持和諧的經典之說。時代發展至今，我們必須與環境保持高度和諧，才能使企業基業常青、持久發展。達爾文進化論指出：能夠長期生存留下的物種，並不是最強大的，而是能

夠根據外界環境的變化不斷改變進化的物種，與此同理。

惠普認爲能夠持續生存發展的企業則必定是能夠根據外界變化而不斷變革的企業。由此，惠普提出了「動成長企業」。惠普執行副總裁張國維說：「這不是一個概念，而是惠普公司自己的成長的實際體驗。」「動」的含義是指：企業的戰略與外界變化同步；企業內部的組織結構及系統能及時相銜接，使戰略得到執行。在資訊社會中，企業面臨的挑戰是外界變化速度越來越快，而企業內部的IT系統相對滯後。就像中國的舞龍一樣，龍體必須隨龍頭的擺動而動，而龍體的柔韌性是由其IT系統決定的。有統計資料顯示，當前企業業務及戰略的變化速度是IT系統相對速度的七倍。這是爲何很多企業龍頭與龍體脫節的原因。惠普公司便是致力於幫助企業建立先進的IT基礎框架及適應其戰略發展的解決方案。從過去的農業經濟、工業經濟、到現在的資訊經濟和將來的體驗經濟，企業外部的變化翻天覆地，企業要想發展，只能讓自己隨著外部的環境「動」起來，這就是提倡動成長企業的原因所在。要想成爲「動成長企業」，就是要做調溫器不做溫度計。

眾所周知，溫度計是反映外界溫度變化的，它身不由

己，是被動的。而調溫器與之不同，比如空調，它能左右一個房間的溫度、濕度、氣流速度等，使之達到一定的要求。

動成長企業，就好像是一個自動調溫器，以其基本的經營理念和核心價值觀調節企業的環境和氛圍。但蹩腳的企業管理者從不主動去改變任何事情，只是一個被動反應的溫度計。

有一個故事，講的是一個灰頭土臉的乞丐走進一家富麗堂皇的五星級飯店要買一個豆沙包的事。服務員面對又黑又髒的手遞過來的錢，呆若木雞，不知是該賣還是不該賣。這一切，飯店老闆看得一清二楚，他走過去，乾脆俐落地打包好食品送到乞丐手上，並恭恭敬敬地接過乞丐的錢，親切地說：「謝謝您的惠顧」。

乞丐走後，大堂經理說：「你吩咐一下不就得了，幹麼親自賣東西？」老闆嚴肅地說：「爲有錢、有身分的人服務，沒有什麼稀罕，但那些能掏出身上僅有的一點錢來光顧我們生意的人，才是最難得、最值得我們尊重的人，我沒有理由不親自爲他服務。」飯店老闆的睿智讓人不得不服；他的行爲溫暖了乞丐的心，是很感人的。

如何做動成長企業，與環境保持高度的和諧？這在企業界還流傳著這麼一個著名的理論，值得管理者學習，那就是柳傳志的「雞蛋論」。這個理論講的是：企業要發展，周邊的環境極爲重要。一個雞蛋孵出小雞，攝氏37度半到39度的溫度最爲適合。那麼，40度或41度的時候，雞蛋是不是能孵出小雞來呢？對於生命力頑強的雞蛋也能孵出小雞來，但是到了100度一定不行了。對企業來講，1978年以前可能是100度的溫度什麼雞蛋也孵不出雞來。而十一屆三中全會以後，可能就是45度的溫度，生命力極強的雞蛋才能孵出來。到1984年聯想創辦的時候，大概就是42度的溫度。今天的溫度大概是40度左右，也不是最好的溫度。因此，生命力頑強的雞蛋就要研究周邊的環境，一方面促使環境更適合，一方面加強自己的生命力，以便能頑強地孵出小雞來。

一個企業要想做強、做大，立非常之功，必須和環境有高度的和諧性，否則要麼被環境拒斥無法得到發展，要麼與流俗合汙喪失高遠目標。而要創造這種和諧，必須要有常人難以想像的智慧、堅韌和胸懷，就得像調溫器、像那位飯店的老闆一樣。

聯想公司總裁柳傳志說：「我在辦企業的過程中，在管理上只用了30%的精力，其餘70%要處理外邊的一些事務。」犧牲自己的一些率性、自由，多做出了很多忍受妥協，正是爲了和環境之間多些潤滑、多乘順風，使企業在已經夠激烈殘酷的市場競爭之外不再另添麻煩。

在中國這種市場化程度並不很高、市場關係並非十分清晰的環境下辦企業，更要花費更多的精力去考察社會、考察政治。以致於有人說：「在中國做企業，也是在做政治、做社會。」小企業有小企業的做法，大企業有大企業的做法。有積極的互動，也有畸形的交易，有必須的潤滑，更有內心的矛盾，彼此的利用。總之，政治是企業永遠逃不脫的「地心引力」，能否處理好企業與政治的關係，對中國企業家來說是一大考驗。

有人分析過，自改革開放中國出現較爲成型的企業以來，中國出現的知名企業家，若以結局論，最慘者應爲如下三人；國企是諸時健（59歲進監獄），私企是牟其中（58歲進監獄），鄉鎮企業是禹作敏（63歲進監獄）。從大紅大紫到大悲大戚，其結局實在不能僅僅只用「咎由自取」四字來概括。

而反過來觀察那些政治生命較長的企業家，他們都有一個共同的特點：高度注意政治安全。細分起來，大致爲四點：

首先，是跟政治的大環境、大氣候、意識形態的基本格調保持一致、知道該說什麼、不該說什麼。

其次，在行爲方面，充分注意合法性。立身要正，首先自己不能違法。

第三，爲人低調務實，不招惹盛氣凌人那一類人的麻煩。

第四，企業對於可以影響自身發展的周圍各方面要做好關係，不能「只知埋頭拉車，從不抬頭看路」。

以上這些做法都是「被動防禦型」的「政治安全術」。在此，有必要講一些「積極、穩健」的「政治資源利用法」，這是「動成長企業」所要求的。所謂積極，即是爭取和借助政治的力量，利用政治中的資源促進企業的發展；而所謂穩健，就是不要陷入「官商勾結、違法犯罪」泥沼。其中的具體方法，也可以分爲三種：

其一是「交朋友」。政府官員實際上也希望跟有思

想、有實力的企業家往來，瞭解經濟情況，這也是「以經濟建設爲中心」的一種表現。因此，企業家可以與之建立一定的交情，取得理解和支援。政治方面他是很熟悉的，你對他是關心的，你對他是瞭解的。他們關心的不是你這個產業，嚴格地講，你去和他談電腦，第二天他就不見你了。他有可能問：「需要解決什麼問題？」解決了，也就完了。

你要能就他關心的問題和他討論、跟他交流，最後變成朋友。這時候，他才能設身處地給你營造一個非常寬鬆、非常自如的環境。比如你面對一個省長，今天要貸款、明天要幫助、後天又要政策，成效可想而知。而當你能和他交流，能就他所關心的問題和他展開討論，這種討論他又認爲是有價值的，他就會開始關心你這個企業、就開始幫忙指導你這個企業了。那情況就不同了。這種關係是一種君子之交，而不是一種金錢關係，金錢會使人不放心你，也不會和你深交。

其二是「造福一方」。如果你的企業能在一個地方成爲優秀企業的代表，造福當地，發揮不可替代的作用，當然就有條件要求更多政治資源的支援。這在經濟力量不強的地區更易操作。

其三是建立實業報國的遠大理想（不是簡單地爲了個人和企業發財），並且實實在在地把這種理想灌注到辦企業的過程之中（不是像牟其中式地只唱高調），成爲中國企業參與市場競爭、國際競爭的旗幟。這是一種「立乎其大」的「大政治」的企業觀，而這樣的企業，哪怕是民間企業，也必然會得到政治的扶持。聯想、華爲、萬向就是這樣的例子。

第五章
海狸心得5
沒有愛無法眞成功

身爲一種群居動物，海狸具有高度的團隊感和家庭感。無論是在修建水壩還是在家庭生活當中，處處可見海狸們之間相互表現出愛心和關懷。由於在搬運樹枝的過程中經常會遇到各種問題，海狸們早就養成了相互幫助的習慣。據說德國中部就有一個城市把海狸選作爲自己的吉祥物，以此來紀念那些在二次大戰中英勇掩護戰友的戰士們。

哪裡有愛，哪裡就有財富和成功

說起愛不由得想起一次讀自然歷史雜誌時，見一參展成千上萬的企鵝，面朝著同一個方向立著。我實在不懂，是什麼原因，使牠們能如此整齊地朝著同一個方向。

直到細細觀察，才發現每一隻大企鵝的前面，都有著一團毛茸茸的小東西。原來牠們是一群偉大的母親，守護著面前的孩子，由於自己的腹部太圓，無法俯身在小企鵝之上，只好以自己的身體，遮擋刺骨的寒風。

這是多麼偉大的、壯麗的母親群像啊！又一想，那企鵝媽媽是否也有著一種幽幽的感傷呢？這生命賦予的本身，就是母親的回報？只要看到從自己身上繁衍出下一代，便已獲得滿足？

孩子，是母親生命的延續。愛是施與受的過程，一個人帶著快樂去愛，就會得到愛的快樂；帶著陰謀去愛，就會得到愛的陰謀。

在猶太人中流傳著這樣一個故事：

一個婦人出門看到三位老者坐在她家門前，婦人與他們素不相識。她上前對他們說：「你們一定餓了，請進屋吃點東西吧！」

「我們不能一同進屋。」老人們說。

「那是爲什麼？」婦人感到困惑。

一個老人指著同伴說：「他叫財富，他叫成功，我是愛。你現在進去和家人商量商量，看看需要我們哪一個。」

婦人回去和家人商量後決定把愛請進屋裡。婦人出門問三位老人：「哪位是愛？請進來做客。」愛老人起身朝房子走去，另外兩位也跟在後面。

婦人感到奇怪，問財富和成功：「你們兩位爲什麼也

進來了？」

老人們一同回答：「哪裡有愛，哪裡就有財富和成功。」

每個人都有一顆心靈的資產，那是我們對他人的愛，對於他人的付出和奉獻；每個人都有一筆財富的資產，那是我們接受他人的愛，接受他人的饋贈與服務。成爲一名成功人士，首先必須心中有愛。

培養有愛心的企業文化，訓練一顆關懷員工的愛心

成功者樂於付出，這是衆所皆知的事，於是有的管理者說：「我的現狀是沒什麼可付出的，等我條件好些時再說吧！」其實，這是不對的，這樣的人還沒有進入成功的「能量場」。人人都可以藉由愛心、鼓勵、學習、包容，以及愛這樣的精神力量給人莫大的關懷和幫助。記住，再貧窮的人也擁有一個微笑、一句撫慰的話；你的一張明信片、幾句祝福的問候語，在員工生日時奉上，將會給員工極大的心靈撫慰。員工客人來訪時，你趕緊放下手頭工作，熱情接待，比對待自己的客人還親，並親自打電話給飯店打電話安排其食宿，當面讚揚員工的工作業績，員工

心裡喜洋洋，面子十足，第二天就會以十倍的工作熱情回報你。年終時組織一次員工親屬年會，感謝親屬一年來的支持與關心，彙報一下公司的業績及來年的目標，一餐便飯、一封感謝信、一份小禮品，員工親屬的心都熱了。

眞正的強者不一定是多有力，或者多有錢，而是他對別人有所幫助。

責任可以讓我們將事做完整，愛可以讓我們將事情做好。

奧格・曼狄諾在其著作《世界上最偉大的推銷員》中寫道：

我要用全身心的愛來迎接今天，這是一切成功最大秘密。愛使挫折變得如春雨般的溫和，它是我商場上的護身符；孤獨時，給我支援；絕望時，使我振作；狂喜時，讓我平靜。這種愛心會一天天加強，越發具有保護力，直到有一天，我可以自然地面對芸芸衆生，處之泰然。我要用全心的愛來迎接今天，我沒有時間去恨，只有時間去愛。有了愛，即使才疏智短，也能以愛心獲得成功；相反地，如果沒有愛，即使博學多識，也終將失敗。

「給予就會被給予，剝奪就會被剝奪。信任就會被信任，懷疑就會被懷疑。愛就會被愛，恨就會被恨。」這就是心理學上的互惠關係定律。人是三分理智、七分感情的動物。士爲知己者死，從業者可以爲認可自己存在價值的上司鞠躬盡瘁。當你眞誠地幫助員工的時候，員工才能眞正地幫助你！

愛是在播種與收穫中求得的平衡，而不是各執一端。只有播種，沒有收穫的愛是無價值的；只有收穫，沒有播種的愛是無意義的。當然，不管這種播種與收穫是來自物質抑或心靈。因爲，我們倡導一種誠實的幸福。正如盧梭在《愛彌爾》中所說：「你要說眞實的話，做正當的事；對人來說，重要的事情要履行他在地上的天職；正是在忘記自己的時候，爲自己做的事情最多。」

渴望並幫助別人獲得成功，這樣你也才能獲取成功。因爲企業模式必然注定了這一結局。企業是讓人爲你謀取快樂與成功，如果在此過程中員工不能體驗到快樂與成功，你同樣不會感愛到快樂與成功。

眞正的成就是基於愛，個人有成，不僅利己，也造福社會，我們每個人都應該奮鬥求成，原因就在於此。

最偉大的成就，實質是造福別人的成就。

請記住這句座右銘：

我一生中所獲得的報償，反映出我對他人的服務與貢獻。

沒有愛的企業家，是只賺錢不幸福的企業家。

沒有愛的企業家，是賺不了大錢的企業家。

沒有愛的企業家，不具備「我為人人，人人為我」的心靈富足，一個好的企業家實際上就是一個又賺錢、又有愛心的企業家。

愛就是忙碌、就是工作、就是感興趣、就是創造。

利那・艾姆勒說：「印度詩人泰戈爾說過『生命應了世界的要求，得到他的資產；應了愛的要求，得到他的價值。』企業的愛就是學習、工作、創造和樂在其中的精神。」辦企業的宗旨就是「讓人人都實現成功」，讓每個人都勇於面對世界，讓每個人的人生實現操之在己。這就是在播種最偉大的愛了。

身為一個企業的領導要透過建立企業系統讓員工參與

其中，一方面，透過企業管理模式（即信念、願景、目標、時間、學習創新管理）將企業變爲員工實現自我的陣地，產生管理自動化，企業家獲得管理自由，得以全副精力從事創新性工作，創造更遠大的員工成長平臺，進一步產生更高級的管理自動化，創造更高價值的企業效益。在此過程中，員工得以在企業建設中獲得更大權利，實現自我，同時也爲企業發展貢獻全力，對企業家來說，這是一個「人人爲我」的過程；另外，企業家也能更好地提升自己的境界，做大企業，促進員工發展，讓人人都成爲企業家，爲社會創造更高的價值，這又是一個「我爲人人」的過程。

在21世紀透過運作企業管理模式，實現「我爲人人，人人爲我」的愛與眞實。

打造企業凝聚力，提升企業忠誠度

高度的凝聚力可以幫企業戰勝困難。

松下幸之助認爲，管理者應該有「和員在一起」的理念，有無這種信念，關係企業的成敗。在松下公司的歷史上，有過一次刻骨銘心的裁員。其實，那次裁員，松下幸之助也是迫於無奈，原因就是二戰後，日本政府認爲松下公司是財閥，於是限制其發展。

公司只好做出裁員的決定。

後來，松下幸之助每每談起此事，都感慨無限，他說：「這是自己最悲慟的事情。」在松下公司此前的歷史上，還沒有哪一個人是因爲公司事業不振而被解雇的——即使在戰敗初期的那些年，松下幸之助也沒有因爲經營不景氣而解雇過人。

說起裁員的局面，那要追溯到1929年，美國的經濟恐慌波及到世界各地，日本當然也不例外。

一時間，裁員、減薪、縮小經營規模，比比皆是、層出不窮。

當時的松下公司剛剛在大孤福岡區設立了工廠，有了些規模氣象。但是不景氣的世界形勢下，曾經暢銷的松下國際牌自行車燈也出現了滯銷。當時公司的幹部們擬定了「生產減半，員工減半」方案，躺在病榻上的松下幸之助聞訊斷然反對，說一個員工也不解雇，並促請前來探望。他的董監事回公司向員工傳達他不同意裁員的意見。備受裁員氣氛困擾而彷徨不安的員工聽完感到十分欣慰，立即

加班四處推銷。不到兩個月，原本堆積如山的車燈便告售罄，而且還接來新的訂單。至此，松下公司熬過逆境，走出低谷。

管理者雖然不必是一個持「輪迴報應」觀念的人，但好的意願和效果，總會導致一些好的做法。松下幸之助尊重員工的人道主義精神，就得到了應有的回報。

松下幸之助傳記中平凡而感人的細節有這樣的描述：「如果當面碰上進步快或表現好的員工，他會立即給予口頭表揚，如果不在現場，松下幸之助還會主動打電話表揚下屬。」「士爲知己者死」，擁有能爲自己賣命的員工所發揮到的效用，遠非節省幾許工錢所能比的。如果當年松下幸之助採納裁員方案，可能今天就少了一個跨國家電巨企。

做到情眞意切的關心員工很不容易。東芝社長士光敏夫將「關心員工，實現無縫溝通」視爲成功秘訣。其70多歲高齡時，曾走遍東芝在日本的各家分公司，與員工甚至保全、值班人員親切交談。

有一次，士光敏夫前往東芝工廠時下起大雨，他不撐雨傘，在雨中和員工講話。

員工們很感動，將士光敏夫圍住，認眞聽其每一句撐熱的話語。大家的心連在一起，甚至忘記了自己站在大雨中。

離去時，激動的員工們又把士光敏夫的車圍住，一邊敲著汽車玻璃，一連高喊：「社長，當心別感冒，保重好身體，我們一定會拼命工作的！」

面對這一切，士光敏夫情不自禁淚流滿面，他被員工們的眞誠打動，他感受到，情眞意切的關心員工是多麼重要。

瓦萊羅能源是一家年收入80億美元的公用事業公司。

一天，當奔騰的洪水襲擊德克薩斯州時，這家公司立即投入行動。有3名員工的家被洪水沖垮，公司爲他們每人捐款5000美元，自願委員會還組織小隊幫忙清理瓦礫。

這個行動本身並無什麼驚人之處，讓人感動的是瓦萊羅公司每天都在做類似的事情。公司的使命書要求員工在社區起帶頭作用，員工得到了許多環保獎和好公司獎，實實在在地執行使命。

所有員工都參加「共同關懷聯合之路」的計劃，捐獻收入的1%，而公司為每一美元捐款上加50美分，多數員工每個月為自願委員會與當地慈善組織合作的專案工作兩小時，為了確保招聘的員工適合這種支援慈善活動的企業文化，瓦萊羅公司根據對其員工的嚴格評估進行測試，內容包括社區活動參與度等內容。

瓦萊羅公司的管理人員還注意公司自己的「社區」，如果一名員工要到醫院動手術，公司首席執行官格裡希一定會與他交談或寫封信給他。以格裡希為首的主管們努力到公司各處視察，在員工餐廳吃午飯，一般情況下員工可以隨時找他們。格里希說：「員工是很聰明的，他們知道管理層是否真誠。」

同樣，在德克薩斯州，有一家著名電視機廠經營不善，瀕臨倒閉。

老闆焦思苦慮，最後終於決定請日本人管理這家工廠。日本人來到這家工廠之後，所採取的兩項措施看似一些「雕蟲小技」，但讓美國人驚訝不已。第一，新任經理把職工召集在一起，不是指責、嘲笑他們，而是邀請他們聚首喝咖啡，還贈送給每人一台半導體收音機。經理說：

「你們看看，在這種髒亂的環境裡怎麼從事生產呢？」於是大家一齊動手、清掃、粉刷了廠房，使工廠的面貌爲之一新。

第二，經理一反資方與工會對立的傳統，主動拜訪了工會負責人，希望「多多關照」。此舉使工人們很快解除了戒備心理。經理不僅雇請年輕力壯的人，而且把以前被該廠解雇的老工人全部召集回來，重新雇用。

這樣一來，工人們的感恩戴德之心油然而生，生產效率急轉直上。7年後，這家由日本管理的美國工廠，產品的數量和品質都達到了歷史最好水準。

摩托羅拉對員工關懷備至，就是那些辭職離開公司的人，如能在90天內歸來，以前的年資還可照樣計算。此舉感動了離職出走的員工，吸引他們其中的許多人回來。有的不但下決心重返公司，而且寧肯退還他們辭職時領取的補償金。

愛的力量就是如此強大。眞正關愛員工，不是口頭上的，更重要的是發自內心的，有時還得付出行動。

佳木斯聯合收割機廠1997年7月與美國約翰迪爾公司合

資，美方一位女工程人員在酸洗工廠看到工人只戴著簡易的口罩進行有毒作業，而工廠周圍的樹因為受腐蝕已經枯死，就要求將工人的口罩改為防毒面具。

隨行的中方管理人員由於對酸腐蝕認識不足，就隨口應付她說，你們美國才有那種玩意兒，中國沒有。

沒想到，這位女工程人員回國後不久發回一份傳真，讓中方管理人員著實尷尬不已。

這位女工程人員在傳真中寫道，她已經徹底瞭解，美國總廠使用的防毒面具正是中國某省一家企業生產的，具體地址附上，請速購買。這種對員工的眞心關愛，使一個長年虧損企業，在第二年就盈利3000多萬元。

靠愛贏得員工，把員工放在一個至尊的位置，星巴克公司確實是做到了。星巴克公司創建於1987年，1992年6月上市並成為當年首次上市最成功的企業。今天，星巴克公司是北美地區一流的精製咖啡的零售商、烘烘商及一流品牌的擁有者，它的擴張速度讓《財富》、《福布史達林》等頂級刊物津津樂道，僅僅15年時間，就從小工廠變成在四大洲有5000多家連鎖店的企業。

星巴克之所以能在一個傳統的行業裡，如此飛快地成長，得益於其別具一格的人力資源管理策略，使其成爲投資於員工的品牌贏家。

星巴克總是把員工放在核心位置，並對他們進行大量的投資，這一切全出自於其董事長舒爾茲的價值觀和信念。舒爾茲的管理作風是與他的出身有關，他的父親是貨車司機，家境貧寒，所以他理解生活在社會底層的人們。據說他從小就有一個抱負——如果有一天他能說到說到，他將不會遺棄任何人。舒爾茨的這種平民主義思想直接影響了星巴克的股權結構和企業文化，這種股權結構和企業文化又直接導致了星巴克在商業上的成功。他堅信把員工利益放在第一位，尊重他們所做出的貢獻，自然會有良好的財物業績。

星巴克透過人力資源及全面薪酬體制來加強其文化和價值觀，並且成爲不靠廣告而建立品牌的企業之一。《商業週刊》指出，星巴克建立品牌的方式，是將廣告費用移轉到員工福利和培訓上。具體一點，星巴克是透過以下幾點，使自己成爲投資於員工的品牌贏家。

(1)創建了良好的薪酬福利制度。與零售業其他同行相

比，星巴克雇員的工資和福利都是十分優厚的。星巴克每年都會在同業間做一個薪資調查，經過比較分析後，每年會有固定的調薪。舒爾茨還給那些每週工作超過20小時的員工提供衛生、員工扶助方案、傷殘保險，這在同行業中極爲罕見。這種獨特的福利計劃使星巴克盡可能地照顧到員工的家庭，對員工家裡的長輩、小孩在不同狀況下都有不同的補貼辦法。可能錢不是很多，但會讓員工感到公司對他們非常關心。那些享受福利的員工對此心存感激，對顧客的服務就越周到。曾有媒體說：「如果舒爾茨是這個咖啡帝國的國王，員工們就是他的忠僕。」

(2)**給員工較大的期權價值，所有員工都有機會成爲公司的主持人**。在星巴克公司，員工不叫員工，而叫「合作夥伴」。星巴克在1991年就設立了股票投資方案，允許以折扣價購買股票投資方案，使所有員工都有機會成爲公司的股東。由於公司股票價格不斷地上漲，給員工的期權價值很大；與此同時，配合公司對員工的思想教育，使得員工建立起自己是公司主持人的想法。

(3)**重視培訓，因爲每位員工都是建立品牌的一分子**。對員工的栽培和輔導訓練使他們得到可持續的成長發展空間是星巴克公司所看重的。對星巴克而言，每位員工都是建立品牌的一分子，在消費者心目中都代表著星巴克，因此，星巴克十分重視對員工的培訓，所有招聘進來的員工在進入公司的第一個月內都能得到最少24小時的培訓，包括對公司適應性的介紹、顧客服務技巧、店內工作技能等。另外還有一個廣泛的管理層培訓計劃，著重訓練領導技能、顧客服務及職業發展。星巴克爲員工提供了很多核心訓練和技巧，即使他離職了，也同樣能從星巴克的經歷中受益。

總之，星巴克的人力資源管理和薪酬一體化的結果提升了公司的文化和價值觀，降低了員工的流動率，尤其是門市員工流動率遠遠低於同行業水準，約爲同業水準的一半到三分之一。對員工的滿意度調查顯示：員工非常喜歡爲星巴克工作。

從以上公司的做法，我們可以看到，提升企業凝聚力並不都靠高薪。福特公司每年都要制訂一個全年的「員工參與計劃」，動員員工參與企業管理。

此舉引發了職工對企業的「知遇之恩」，員工們的合作性不斷提高，合理化建議越來越多，生產成本大大減少。美國西思公司創業時，員工的工資並不高，但他們都很自豪。該公司經常購進一些小禮物，給參與某些專案的

員工每人發放一件，使他們覺得工作有附加價值。當外人問該公司的員工：「你在西思公司的工作怎麼樣啊？」員工都會自豪地說：「工資雖然不高，但我們很受重視，做得挺開心的。」

又比如美國聯邦快遞公司的高級主管每星期開一次座談會，每月隨機抽選八位員工與自己同進早餐或午餐。這種管理技巧看似閒事，實則會讓員工受寵若驚。企業的凝聚力需要借助企業管理制度來維繫。

對許多員工而言，金錢和休閒時間一樣寶貴。因此，企業要是難於給員工加薪激勵，而工作任務又不多時，不妨考慮多給員工一些假期，或者允許員工彈性地安排工作，以便於其有時間從事工作以外的其他活動，如進修充電或發展個人愛好等。企業亦可協助員工制定發展計劃，在這方面，愛立信的做法很值得學習，每年公司的員工都會有一次與人力資源部門的經理進行個人面談的時間，在他們的幫助下制定個人發展計劃。該公司認爲，一個企業要保持領先的地位，最重要的一點就是員工的整體素質能夠保持領先。現代企業經營者應謹記這一點：嚴是愛、鬆是害，疏於管理、放任自流不是「尊重」，提出目標、嚴格要求，既是對員工的督促，也是對員工的培養和愛護。

企業提升凝聚力，應將培養歸屬感及忠誠度放在核心位置。爲追求效益的最佳化和成本的合理化，許多企業將企業員工的培訓向各個領域滲透，其內涵已遠遠超過培訓本身。一些企業除了對員工的知識和技能進行培訓外，還透過一定的形式和內容使培訓向企業文化、團隊精神等方向發展，以進一步培訓員工的忠誠度及歸屬感，使企業行爲進入更深層次的領域。相對於幾年前偏重於知識和技能的新員工培訓，如今中國企業越來越意識到員工忠誠度與員工技能同等重要。以下是幫助企業提升忠誠度的一些建議：

(1)**建設家園文化**。現代企業應當提倡「軍隊——校園——家園」式管理。其中，「家園」式管理，屬於企業文化建設。現代企業要建設以忠誠奉獻、親和敬業爲核心的家園文化，營造溫馨的家園氛圍，以情感化員工，強化員工「主人」意識、責任感和服務意識，讓員工懂得自己在建立的顧客忠誠中所發揮的作用，感到自己工作的重要性。

(2)**創建相互「忠誠」的管理模式**。企業管理者要堅持人本管理，以人全面的自在的發展爲核心，創造相對的環

境條件，形成以個人自我管理爲基礎，以組織共同願景爲指導的相互「忠誠」的管理模式。

(3)打造思想交流的「綠色通道」，進行朋友式溝通。人生貴相知，管理者要多瞭解下屬的思想與情感，在企業內部打造思想交流的「綠色通道」，做到朋友式溝通，改變意見箱的對應提法，開設經理對話日、網上交流、郵件回應等通道。

溝通中尋找下屬所需要的理解與支援，達到心靈的對話，形成共識，培養相互忠誠的關係。當然，員工的忠誠度以及歸屬感絕對不是課堂培訓或者是一兩天的拓展培訓就可以做到的，它的建立需要長期的培養及企業內部環境的熏陶。

第六章

海狸心得6

管理就是溝通

早在水壩的規劃階段，海狸們的這一特點就已經體現出來了。在修建水壩的時候，每個海狸團隊大約有三到四隻海狸構成。在正式修壩之前，牠們會首先進行精細到家的分工，根據每隻海狸的特點安排好各自的任務，從而使每隻海狸儘量發揮自己的特長；在修建水壩的過程當中，海狸們還會就各種問題進行經常性的溝通，彼此傳達一些關於修壩進度、修壩過程中的問題、路徑的選擇等等，從而使整個團隊的工作達到更加和諧的程度。

從默子育徒說起

耕柱是春秋戰國一代宗師墨子的得意門生，不過他老是挨墨子的責備。有一次，墨子又責備耕柱，耕柱覺得自己眞是非常委屈，因爲在許多門生之中，大家都公認他是最優秀的，但又偏偏常遭到墨子指責，讓他覺得沒有面子過不下去。一天，耕柱忿忿不平地問墨子：「老師，難道在這麼多學生當中，我竟是如此的差勁，以致於要時常遭您老人家責備嗎？」

墨子聽後，毫不動肝火：「假設我現在要上太行山，依你看，我應該要用良馬來拉車，還是用老牛來拖車？」

耕柱回答說：「再笨的人也知道要用良馬來拉車。」

墨子又問：「那麼，爲什麼不用老牛呢？」

耕柱回答說：「理由非常的簡單，因爲良馬足以擔負重任，値得驅遣。」

墨子說：「你答得一點也沒有錯，我之所以時常責罵你，也只因爲你能夠擔負重任，値得我一再地教導與匡正你。」

如今，許多人表面上看起來很開放，實際卻生活在封閉的「自我」裡，如果企業又使其缺乏安全感、滿足感、成就感，員工滿意度差的最終結果是無法生產出優質的產品或提供良好的服務。

前微軟（中國）公司總裁唐駿認爲：「每個員工都是我的客戶。我們管理層爲員工提供一流的服務，這是我們整體的管理理念所在。」良好的溝通，能夠化解來自內部的衝突，使每個員工有滿足感、安全感，讓員工放在包袱，將情緒調整到最佳狀態。

故事中的墨子因爲要教很多的學生，一則因爲繁忙沒有心思找耕柱溝通，二則沒有感悟到耕柱心中的怨氣，如

果耕柱沒有主動找墨子的話，那事情的結果只會進一步惡化。

因此，員工尤其應該注重與主管的溝通。

一般來說，管理者要考慮的事情很多、很雜，許多時間並不能由自己主動控制，因此經常與忽視與部屬的溝通。

更重要的一點，管理者對許多工作在下達命令讓員工去執行後，自己並沒有親自參與到具體的工作中去，因此沒有切實考慮到員工所會遇到的具體的問題，總認爲不會出現什麼差錯，導致缺少主動與員工溝通的精神。

試想，故事中的墨子身爲一代宗師差點就犯下大錯，如果耕柱在深感不平的情況下沒有主動與墨子溝通，而是採取消極抗拒，甚至遠走他方的話，一則墨子會失去一個優秀的可塑之材，二則耕柱也不可能再從墨子身上學到什麼，也不能得到更多的知識了。

反之，身爲管理者，也應該積極和部屬溝通。優秀的管理者必備技能之一就是高效溝通技巧，一方面管理者要善於向上一級溝通，另一方面管理者還必須重視與部屬溝通。許多管理者喜歡高高在上，缺乏主動與部屬溝通的意識，凡事喜歡下命令，忽視溝通管理。

有的部屬由於性格較內向，沒有主動與上司溝通的勇氣。在這一點上，我們可以打個比方，學生在課堂上，當老師準備目光的時候，很多同學會把頭低下以逃避老師的提問。有經驗的老師便很「善解人意」的避開這些學生。但事實上，有人在低頭的同時，心裡卻渴望被提問到自己，希望被重視、被認可。由於性格使然有的人會主動的去爭取展現自我的機會，而有的人則比較被動，希望別人去發現他。

同樣，在企業裡也有這樣的員工，他們雖然缺乏主動溝通的意識，但其內心卻渴望能與領導進行眞誠的對話，渴望被傾聽，身爲領導應該積極尋找機會主動與下屬溝通，而不能默默無聞而將其忽略。

總之，溝通是雙方的事情，如果任何一方積極主動，而另一方消極應對，那麼溝通也是不會成功的。試想故事中的墨子和耕柱，他們忽視溝通的雙向性，結果會怎樣呢？在耕柱主動找墨了溝通的時候，墨子要麼推諉很忙沒有時間溝通，要麼不積極地配合耕柱的溝通，結果耕柱就

會恨上加恨，雙方不歡而散，甚至最終出走。如果故事中的墨子在耕柱沒有來找自己溝通的情況下，主動與耕柱溝通，然而耕柱卻不積極配合，也不說出自己心中眞實的想法，結果會怎樣呢？雙方並沒有消除誤會，甚至可能使誤會加深，最終分道揚鑣。

所以，加強企業內部的溝通管理，一定不要忽視溝通的雙向性。身爲管理者，應該要有主動與部屬溝通的胸懷；身爲部屬也應該積極與管理者溝通，說出自己心中的想法。只有大家都眞誠的交流，雙方密切配合，企業才可能發展得更好、更快！

溝通中要知己知彼，把握聽說之道

如果一位眼科醫生爲病人配眼鏡，他先摘下自己的眼鏡讓病人試戴，其理由是：「我已經戴了十多年，效果很好，就給你吧！反正我家裡還有一副。」那麼，誰都知道這是行不通的；如果醫生還說：「我戴得很好，你再試試，別心慌。」在病人看到的東西都扭曲了的同時，醫生還反復說：「只要有信心，你一定能看得到。」那就眞叫人哭笑不得了。我們常說：「遇事要將心比心。」因此，「知己知彼」是交流的原則。

醫生尚未診斷就開處方，誰敢領教？但與人溝通時，我們常犯這種不分青紅皀白、妄下斷語的毛病。因此必須強調：「瞭解他人」與「表達自我」是人際溝通不可缺少的要素。首先要瞭解對方，然後爭取讓對方瞭解自己，才是進行有效人際交流的關鍵，要改變匆匆忙忙去建議或解決問題的傾向。

欲求別人的理解，首先要理解對方。要培養設身處地的「換位」溝通習慣。

人人都希望被瞭解，也急於表達但卻常常疏於傾聽。傾聽是瞭解對方的重要方式。有效的傾聽不僅可以獲取廣泛的準確資訊，還有助於雙方情感的累積。中國著名的中醫四診法其中之一就是聽。試想，在說這一方面，人們還常犯的一個毛病就是廢話連篇，說不出重點。

《墨子‧附錄》中有就有這樣一則寓言，學生向墨子請教：「話多好嗎？」墨子回答說：「青蛙日夜鳴個不停，可是仍然沒有人聽；報曉的公雞一叫，天下爲之振動。話不在多，關鍵在於合乎時宜。」

明代還有個「朱元璋怒打茹太素」的故事，這位茹太素寫一份公文，開頭竟用了3張紙，因而遭到皇帝的責打。

根據統計學估計，正常人每天講的話，要用20張B5的紙來記錄。

而每一個月，可以寫成6本一百頁的書，一年總共是72本書，如果你能活到70歲，你總共講了有5040本一百頁的書那麼多的話。

這麼多書，足夠開一家小型圖書館了。

所以說，講話要說重點，言簡意賅，長篇大論、廢話連篇是對自己和別人都不尊重的表現。事實上，講簡短的話也成爲當今世界上的一種風氣。像申辦奧運會那麼浩繁的工程，申辦陳述也僅半個小時；聯合國一些會議的發言多數被限定在數分鐘之內。

當今社會，知識資訊猛增，工作和生活節奏加快。時間就是效率、時間就是財富。管理者常常需要當衆講話。比如主持員工會議、向上級彙報工作，或在同行業會議上做報告。

當衆講話，要征服一個集體關鍵的一點是將自己看成一場講座的領導者，而非大衆演說家。不要養成讀講稿的習慣，你要做的是引起大家的興趣，讓大家都參與討論。

講話要圍繞大綱靈活發揮，而不是讀講稿。如果你逐字地念講稿，聽衆就會昏昏欲睡。領導者不念講稿，講話簡潔、準確、精練，不只是聽衆希望的，也是時代發展的要求。提倡不念講稿說短話，就是要擠水分、要乾貨，就是求眞務實。

短而實、短而精，人們就願讀、愛聽，也有利於解決問題。講話過程中提出一些問題，給聽衆參與的機會。

與聽衆中的個人進行友好的目光接觸。理想情況下，每說出兩句話時眼睛要注視著同一個人。然後說下面幾句話時，再與會場中另一部分聽衆建立視覺聯繫，以此進行下去。不要讓你的目光在會場中快速地遊來遊去，要定格在某個在場的人身上。緊張的演講人往往只注意在座的兩三個同盟者，而忽視其他人。應當與會場中每個方向的人有目光接觸，給朋友、敵人、陌生人同樣的關注。還要關注坐在後排的人，使他們不至感覺被排除在外。

英國聯合航空公司總裁兼總經理費斯諾說：人人有兩隻耳朵，卻只有一張嘴，這意味著人應該多聽少講。同樣，人有兩隻手，十根手指頭，則意味著應該多做事少浮誇。一個人說得過多了就會成爲做的障礙。因爲說得多，

浪費時間，造成摧乏運動，還容易造成言多必失。美國心理學家S・T・斯坦納指出，在哪裡說得愈少，在哪裡聽到的就愈多。醫生治癒病人有這樣一條重要原則：診斷先於處方。

由此可見，傾聽的重要，很多管理者或許都有這樣的體會：一位因爲感到自己待遇不公而忿忿不平的員工找你評理時，你只需認眞地聽他傾訴，當他傾訴完後，心情就會平靜許多，甚至不需要你做出什麼決定來解決此事。

這就是傾聽的一大好處，即化解矛盾、糾紛。善於傾聽還有其他兩大好處：一是可以讓別人感覺你很謙虛；二是你能夠從另一個管道瞭解更多的事情，甚至向別人學習有用的東西。

當你在對你周圍的人滔滔不絕時，等於有人在接受你的資訊，雖然你沒有什麼損失，但別人卻有了不小的收穫，而且還有了瞭解和透析你的機會，揣摩你考慮問題的思維方式。身爲一個管理者，多說少聽是不可取的。

從學生時代走過來的，在學習過程中，會有這樣一種情況，一些同學上課不認眞聽講，下了課也不愛跟老師交流，結果成績一般；而另一些同學則非常喜歡在課後向老師請教更深層次的問題，往往得到不少課堂上學不到的知識。可見，與老師交流是快速獲取知識的捷徑之一。

每個人都認爲自己的聲音是最重要的、最動聽的，並且每個人都有迫不及待表達自己的願望。在這種情況下，友善的傾聽者自然就成爲最受大家歡迎的人。

如果管理者能夠成爲下屬的傾聽者，他就能滿足每一位下屬的需要。

那麼，一位管理者，該如何「聽」呢？

第一，要認眞地聽。要善於察言觀色，只有讓自己的思想緊緊地「跟蹤」傾聽對象，才能聽出話中之音。如果你經常打斷對方的話，或者東張西望、頻頻看錶、打哈欠、面帶倦容、心不在焉等等，那麼，想必你是聽不到任何有意義的東西的，對方的熱情也一定會冷卻不少。

第二，要謙虛地聽。儘管對方在思想上和自己有著不同的見解，也應該讓別人把話說完，而不是輕易地插話，也不要輕易地爭論。

在管理的過程中，要虛心地聽取各方的意見，不能盲

目樂觀地以爲自己的公司經營得有多麼多麼地完善和成功，再好的企業也會有各式各樣的問題，只有多聽聽員工的意見，多聽聽這就等於是無償地借別人的智慧來完成自己的事業。要知道，一個人的智慧再高，終究也比不上一群人討論的結果。

第三，要少講多聽。管理者與員工之間進行談話的最終目的是全面瞭解公司內部存在的眞實情況，並做出客觀、公正、準確的分析和決斷，這就決定了管理者在談話的過程中是以「聽」爲主，要講也只能是巧妙地啓發和引導。有的管理者在與下屬交談時，自己滔滔不絕地講個沒完，對方只好「洗耳恭聽」，這其實不是利於瞭解公司的眞實情況的。

美國管理學家磨斯科說，當你對一個問題有疑問時，你得到的第一個回答，不一定是最好的回答。

從一個管理者的思維角度來分析，當他對於公司的某一個決策去徵求員工和下屬的意見的時候，往往得到的第一個答案是和他自己的想法相吻合的，這也就更加堅定了他原有的想法，而假如這項決策的實施又比較緊迫的時候，那麼，管理者很可能就急於著手實行了，但是，錯誤也就在這時候產生了，原因何在？很簡單，從數學角度講，是一個機率的問題，從管理的角度講，集合衆人的意見才可能做出最正確的答案，多問幾個人，多得到幾個答案，可以使你的決定更完善、更「保險」，犯錯誤的機率也就越小。多方面的意見，也就等於多方面的答案，只有不局限於一個「答案」，才會聽到來自多方面的聲音，才有助於對問題和矛盾的瞭解和解決。從工作的角度來說，這樣便於全方位地掌握情況。

即使不存在對錯的問題，多問問大家的意見，可以讓高層管理者更瞭解員工的想法，以及對公司發展的建設性意見，拓展管理者的經營思路，同時，還可以達到團結全公司，拉近與員工距離的意外效果。何樂而不爲呢？

「傾聽」當然也是有層次之分的。

最低層次是忽視聽，聽而不聞，如同耳邊風，有聽沒有到，完全沒聽進去。

其次是假裝聽，敷衍了事，嗯……喔……好好……哎……略有反應，其實是心不在焉。

第三是選擇聽，有所選擇，聽聽合自己的意思或口味

的，與自己意思相左的一概自動消音過濾掉；

第四是注意聽，專注地、主動地、回應式地聆聽，乃至某些溝通技巧的訓練會強調「主動式」、「回應式」的聆聽，以復述對方的話表示確實聽到，即使每句話或許都進入大腦，但是否都能聽出說者的本意、眞意，仍是值得懷疑。

第五是同理心聽，用換位的心理去傾聽對方。我們都知道，一般人聆聽的目的是爲了做出最貼切的反應，根本不是想瞭解對方。所以同理心的傾聽的出發點是爲了「瞭解」而非爲了「反應」，也就是透過交流去瞭解別人的觀念、感受。使用同理心方式的聽，應注意以下幾點：

(1)我還沒有眞正瞭解對方，我需要多聽；

(2)如果我先理解，我容易更好地被理解。

聽什麼：爲懂而聽，聽懂資訊，聽懂情感。

聽懂的標準：只有當對方認定你聽懂時，才叫聽懂。

聽講規則：只有當對方認定你聽懂時，才能講話。

聽的方法：不打斷、不勸告、不解釋、不評估、重複、注意對方情緒。

需要說明的是，同理心傾聽，並非任何時候都適用。只有當雙方關係重大時，或者當任何一方衝動時；或者當對方對你無信任時；或者當對方說你沒聽懂時；或者當事實、資料複雜時，才有必要使用。

暢通溝通管道，避免「坐井觀天」現象

即使是表現優異的企業中，其各職能部門之間也可能存在「坐井觀天」現象。前面部分，我們講過坐井觀天，強調的是視野，這是一方面，另外，它還有各部門獨自爲政之寓意。「坐井觀天」或稱「豎井」，它使得經理和員工對部門的各個職能產生大量誤解。

許多員工經常被看做是具有合作意識和團隊精神，願意與企業融爲一體的人。但不幸的是，這種精神很少能轉化成爲各部門之間的合作。

小紅明天就要參加小學畢業典禮了，無論如何也得打起精神把這一美好時光留在記憶中，於是她高高興興上街買了條褲子，可惜長了兩寸。

吃晚飯的時候，趁奶奶、媽媽和嫂子在場，小紅把褲子長兩寸的問題說了出來，飯桌上大家都沒有反應。

飯後大家都去忙自己的事情，這件事情就沒有再被提起。

媽媽睡得比較晚，臨睡前想起獨生女明天要穿的褲子長了兩寸，於是就悄悄地一個人把褲子修剪好疊放回原處。

半夜裡，狂風大做，窗戶「砰」的一聲關上把嫂子驚醒，猛然醒悟到小姑褲子長了兩寸，自己輩分最小，怎麼也得自己動手做，於是披衣起床將褲子修剪好才又安然入睡。

奶奶年紀大了，每天都起得很早，給小孫女做早飯，趁水未開的時候她突然想起孫女的褲子長了兩寸，馬上快刀斬亂麻，又修剪了兩寸，最後小紅只好穿著短了六寸的褲子去參加畢業典禮了。

在企業界時常發生類似的事情，為了同一個專案，同家公司不同部門的員工在同一個企業發生撞車，自相競爭，使得企業無所適從，不僅浪費了人力、物力和財力，也貶損了公司的形象，在社會上產生了負面的影響。這只能說明公司各個部門之間缺乏溝通與合作，資訊流動管道不暢通，大家沒有知己知彼，出現了「豎井」現象，這對企業發展毫無裨益。

每家公司都是由諸多不同的個體組成的團隊，但團隊的整體能力並非所有個體能力的簡單相加，可能等於，也可能小於或者大於個體能力的總和，關鍵是個體之間的組合與合作程度如何。

米格—25效應講的是：前蘇聯研製的米格－25噴氣式戰鬥機的許多零件與美國相比都要落後很多，但是因爲設計者考慮了整體性能的協調性，所以能在升降、速度、應急反應等方面成爲當時世界一流的戰鬥機。

爲什麼會出現管理部門不協調的事情呢？

(1)**缺乏標準**。職能沒有量化，而沒有標準的工作績效考核往往讓人覺得不穩定，這種不穩定又直接導致了資訊障礙和各自爲政。

(2)**職責不明**。影響管理效率的原因往往是崗位職責不明晰，資訊溝通不順暢。職責不明確必然會帶來人浮於事，相互扯後腿的弊端。有利益、有好處的事情大家搶著做，而一些服務性的工作、煩瑣的工作乏人問津，一旦出問題誰都不願承擔責任，同時績效考核也因此缺乏依據。

(3)**橫向不通**。橫向的資訊溝通也是目前中國大多數企業一個十分頭痛的問題。一些企業因生產銷售及採購等部門的資訊溝通不暢，造成各生產環節脫節，甚至出現過停產的情況，從而給企業帶來巨大的損失。

(4)**缺乏獎勵**。大多數管理部門並沒有制定相對的獎勵制度，對表現優異者給予物質獎勵。其實，很多部門（比如人事管理部門）也可以被視爲「客戶服務部門」，如果客服部門的業績是可衡量並且有獎勵的，人事管理部門也理應如此。

(5)**培訓與晉升**。許多企業沒有專門爲員工設定的跨部門培訓計劃。但實踐證明，跨部門培訓對各部門從業人員致關重要——他們可以有機會瞭解到其他相關職能部門的需要和問題，從而迅速發現各自工作中出現的重複現象以及空白點。

如何拆除豎井，清除山頭主義呢？

(1)**確保所有職能部門都擁有統一的目標**。爲整個部門設定一至兩個最高目標，比如「使公司進入『想雇主』名」。

矩陣式組織結構能夠有效地解決這個矛盾，因爲這種組織結構要求地區部門和生產、業務部門（包括團隊成員）之間能夠在各個矩陣的焦點上密切的配合，形成一種良好的內部客戶關係，因而加強了橫向聯繫，克服了職能部門相互脫節、各自爲政、資訊滯後的問題。另外，利用辦公自動化（OA）、供應鏈管理（SCM）、企業資源計劃系統（ERP）等資訊技術是加強企業資訊溝通管理的有效手段。

(2)**鼓勵合作**。將每位員工的薪水的5%～10%作爲浮動獎勵，根據相對標準發放。

(3)**統一標準**。確保每一個職能部門中的員工表現都有共同點。相同的標準中應包括回應時間、用戶滿意度、回覆準確性等。

(4)**保持良性的情感**。團隊成員之間保持一種良性的感情溝通同樣十分重要。如果一個企業的員工從來沒有感情的交流，長期緊張的工作和缺乏人性化的工作氣氛是對員工身心最大的摧殘，並且導致企業喪失活力和創新精神。因此，身爲一個管理者你有權利也有義務關注員工的心理狀況和感情需求，要爲這種感情交流創造機會，除了面對

面的感情交流之外，你可以定期組織一些文娛或體育活動，讓員工在參與活動的過程中放鬆精神，加強友誼。如果一個公司的員工在生活、在思想上有一些困難或是包袱，他們從來不會找自己的上司和同事商量，尋求得到幫助，甚至不知道自己可以透過什麼管道來傳遞這些資訊。這樣的團隊（企業）便喪失了「靈魂」。

(5)**部門間的輪職**。公司各部門應在每個職能崗位上定期輪換員工（從最重要的員工開始）。輪職可以是永久的、半天的或者每週一天的。

(6)**跨部門升職**。要求人力資源經理必須擁有其他職能部門的工作經驗。

(7)**工作領域輪職**。公司各部門的員工每年至少要在其他業務部門工作一周。此舉可以促進員工對客戶需求的理解並拉近與其他部門同事的關係，促進合作。

(8)**資料庫的整合**。公司各部門應與資料資訊部門合作，確保每一個人力資源資料庫與其他資料相連接，消除資訊割據。

第七章

海狸心得7

最偉大的激勵之道

由於沒有固定的團隊領導者，所以在漫長的修壩過程中，海狸們之間的相互激勵就變得尤為重要。如果一隻海狸脫隊，其他的海狸就會主動幫助牠恢復信心，重新燃起對工作的熱情。在修建水壩的過程當中，海狸們還會透過各式各樣的方式，比如說搬運樹枝比賽等，使工作過程變得有趣，從而最大限度減少由於工作單調、枯燥而導致的半途而廢的情況。所以在海狸修壩的過程中，很少出現有合作不力，或者是中途退場的情況。

人力資源為什麼沒有全被開發和利用

法國工程師林格曼曾經設計了一個引人深思的拉繩實驗：把被試者分成一人組、二人組、三人組和八人組，要求各組用盡全力拉繩，同時用靈敏度很高的測力器分別測量其拉力。結果，二人組的拉力只是單獨拉繩時二人拉力總和的95%；三人組的拉力只是單獨拉繩時三人拉力總和的85%；而八人組的拉力則降到單獨拉繩時八人拉力總和的49%。這個結果對於如何挖掘人的潛力，做好人力資源管理，很有研究價值。

「拉繩實驗」中出現「1+1＜2」的情況，顯然是有人沒有竭盡全力。這說明人有與生俱來的惰性，單槍匹馬地獨立操作就竭盡全力；到了一個集體，則把責任悄然分解到其他人身上。社會心理學研究認爲，這是集體工作時存在的一個普遍特徵，並概括爲「社會浪費」。

我們每個人都有140億個腦細胞，一個人只利用了肉體和心智慧源的極小部分，若與人的潛力相比，我們只是半醒狀態。心理學家說，我們所使用的能力只有我們具備能力的2%到5%。

資料還顯示，一般人只有5%的腦細胞在工作，愛因斯坦也只有百分之十幾的腦細胞在工作。人類最大的悲劇並不是天然資源的巨大浪費，雖然這也是悲劇。但最大的悲劇卻是人力資源的浪費。再好的東西如果不會使用或不去掌握使用方法都不可能發揮它的價值。羅・西弗林說過：「1分錢和20塊錢如果都被扔在海底，它們的價值就毫無區別。」只有當你把它們撈起來花掉的時候，才會有區別。只有當你發掘自我，發揮你的巨大潛能時，你的價值才成爲眞實的和可見的。在發掘自我價值時，我們要記住這樣的一個事實：任何時候腦子中的大部分細胞都是「未開墾的處女地」。世界上最大的開發區就在你的帽子下面。

管理的激勵功能就是要研究如何根據人的行爲規律來

提高人的積極性。

甲與乙參加趕驢比賽，比賽規則非常簡單：不管用什麼手段，只要能以較短的時間將驢子由牧場一端趕到另一端，即算贏。甲站在驢子背後，用一隻腳踢驢子的臀部，驢子因怕痛，所以當甲踢一下，牠即往前走一步，甲不踢，牠就停下來，結果甲花了一個小時才把驢子踢到終點。乙則騎到驢背上，手中拿著一支竹竿，竹竿盡頭掛著一根紅蘿蔔，這根紅蘿蔔剛好處在驢子眼前不遠處，驢子很想吃蘿蔔，所以拼命往前趕，結果乙只花了10分鐘時間即讓驢子自己走到終點。

「只有無能的管理，沒有無用的人才。」企業的絕對優勢，關鍵在於人的力量，這種力量又是靠有效的組織和調動而得到的。這正如知識並不就是力量，只有把知識組織起來應用到點子上，使之很好地得到運用，才能產生力量。

人的潛力極限需要刺激，而最長效、最管用的刺激手段，莫過於建立人盡其才、人盡其力的激勵機制。責任越具體，人的潛力發揮得越充分，耍滑頭的人越少，用眞勁的人發展的空間越大。這樣，既能在人力資源管理上挖潛節能，又可讓「南郭先生」無法濫竽充數混日子，最大限度地減少「社會浪費」。

自從諾貝爾醫學獎得主羅佳・斯帕裡博士研究出大腦左、右半球的不同功能後，21世紀呼喚「右腦革命」的口號，又給人們打開了一個開發大腦潛在能力的大門。科學家普遍認爲，人的大腦左半球擁有「理論性」功能，而右半球富於創造和想像力等「非理論性」功能，左半球管語言、思維邏輯、高級神經活動以及右半身的各種活動，右半球則發揮協助作用。人們習慣用左半腦活動，如果增強左半身活動，發揮右半腦的功能，就可以使人的記憶力顯著增強。

如今左腦的大部分功能如計算、書寫、裝配等，正在逐步被電腦代替。

在這種情況下，人就特別需要在電腦無能爲力的那些領域，如產生新的設想、進行直覺綜合判斷等方面，發展右腦的使用和開發。如何進一步開發右腦，這是一個新的課題。增強左半身活動，可以開發右半腦功能，這一點是不容置疑的。我們從許多作家、科學家身上發現，散步就是開發右半腦的一種最好方法。法國大文學家歌德說到他

創作的經驗體會時，有這樣一句話：「我最寶貴的思維及其最好的表達方式，都是在我散步時發現的。」俄國大文學家果戈理一生最愛散步，他說：「作品的內容常常是在散步的道路上開展，來到我的腦裡，全部題材我幾乎是在散步的道路上完成的。」這就不難看出，邊散步邊冥想，左腦一停下來，智慧就從右腦流出來。

激勵是用人的關鍵。古人云：「矢不激不遠，人不勵不奮。」一個管理者要想使自己的下屬保持高昂的鬥志和強大的活力，就要掌握激勵人才的有效方法。

激勵員工時，如果不能掌握他們的需求，徑自用自己的認知給予刺激，不一定能夠產生期待的結果，搞不好還會有反作用。因此，管理者必須懂得如何瞭解員工需求，根據需求給予相對的激勵方式，才能產生事半功倍的效果。

激勵人的手段不能只是錢，應因人而異多層面進行

一般來講，激勵可分爲內激勵和外激勵兩種。外激勵是指激勵者利用適當的物質或精神手段來促使被激勵者的行爲達到激勵者所期望的狀況，內激勵是指被激勵者自覺地從事各種活動。工資激勵是屬於外激勵。現代人的生活

離不開錢，應該說：錢在一定程度上有效地激發了人們。

可是，收入多，支出少，這是人類基本的態度。在錄用人員時，工資的高低並不是確保錄取到人員的決定性要件。這就好比釣魚時用雙倍的魚餌並不一定能釣到雙倍的魚。同樣的，工資的給付也可以這麼說。因此，不能把工資當做誘導的條件。

工資只是一種因素，人們認爲拿工資是理所當然的事，而所領的工資不足或不合理，就會造成心中的不平與不滿。這種不合理的情況愈厲害，領取的人愈會覺得收下來是應該的。他們不會因爲多拿了錢而加倍爲公司效力。

諸如這類引起人們不滿的原因，都是影響員工士氣的因素。

美國哈佛大學教授詹姆士在一篇研究報告中指出：實行計時工資的員工僅發揮其能力的20%～30%，而在受到充分激勵時，可發揮80%～90%。可見，僅有物質激勵是不夠的。

在馬斯洛的需要層次理論（生理需要、安全需要、社交需要、自尊需要、自我實現需要）中，生理需要與人們

的衣、食、住、行有關，在組織環境中包括向職工提供合適工資、良好的工作環境；最低層次的需要其相對重要性最低，但卻必須優先予以滿足。

團隊中不同角色由於地位和看問題的角度不同，對專案的目標和期望值會有很大的區別，這是一點也不奇怪的事情。好的專案主管善於捕捉成員間不同的心態，理解他們的需求，幫助他們樹立共同的奮鬥目標。勁往一處使，使得團隊的努力形成合力。而安全需要對大多數人來講是指：工作需要有保障，有一個申訴制度，有一個合適的養老保險、醫療保險制度。

社交的需要是指和他人保持良好的關係，有企業共同語言、有歸屬感，成爲某個群體的一分子。自尊的需要則包括自尊心、受他人尊敬及成就得到承認，自尊心是驅使人們奮發向上的推動力。企業管理人員可以透過給予若干外在的成就象徵，如晉級、加薪等，也可用提供工作的挑戰性、責任和機會等內在的層面滿足職工這方面的需要。自我實現的需要是最高層的需要，它涉及個人的不斷發展、充分發揮自己的潛能、富於創造性、獨立精神等。

以上是從理論上講述，那麼現實中員工的需求是怎樣的呢？我們可以將這些需要與上述理論進行對照。排在前面的是工資和待遇，之後是工作穩定，進而是對工作環境的需要，硬體環境：遠、近、交通、生活條件等；軟體環境：管理有序、責任清楚、受尊重、合作愉快、有共同語言。

員工還需要有學習培訓機會、有升職希望。最後，員工還希望企業有發展、專案有發展。員工的需求是很多的，只是不同的員工，其側重要點有所不同。

因此，獎勵員工是多方面的。員工做得好，得到獎賞、得到認可，有利於使其良好行爲得到加強，而增加獎賞的方式，會更加有利於提升員工。比如說培訓，也是一種對員工的獎勵。

現在很多的企業在這方面重視得不夠，把培訓單純看做培訓。培訓我們常說是對人的一個開發，既然是開發，就要發自人的本性，而很多企業一說到獎賞就是發獎金，其他的方式很少，而物質的獎賞也是用在對業績的獎勵上，很少用在能力的提高上。

一個人之所以能從事某種工作，並做得卓有成效，追根究柢是由於內激勵在發揮作用，即我們常說的由「要我

做」到「我要做」，成爲自動自發的人。最有效的激勵是讓雇員感到是在爲自己工作。

員工持股制在美國出現以後，美國政府和國會很快就給予大力支持，並爲此制定了專門的法律來加以鼓勵和推廣，促進了職工持股計劃的發展，使得一些資本家主動把企業轉換爲員工股份制企業。

在美國，員工持股的形式多種多樣。其中一種就是公司的全體員工買下公司的全部股票，擁有公司全部股權，共同成爲企業的所有者來參與企業的經營、管理和利潤分配。

截至991年底，美國的員工持股公司已發展到1.5萬個，參與員工持股工程的員工達1200萬，占美國勞動者的10%，員工持股擁有的資產約爲1000億美元。

員工股份制之所以在美國如此受寵，主要是員工股份制依據的理論假設：當人們爲自己勞動時，他們就會更好地工作；而員工爲自己勞動的關鍵是在法律和經濟兩重意義上擁有所在企業的財產。因此，企業財產關係內部化，全體員工擁有企業的產權會產生更高的效率。

員工持股制大大提高了美國企業的經濟效益，促進了生產力的發展，同時，也爲股份制注入了新的生機和活力，使世界經濟產生了強烈的震盪。

藍斯登快樂工作法則

藍斯登快樂工作法則說的是：跟一位朋友一起工作，遠較在「父親」之下工作有趣得多。

身爲管理者，我們要做的就是像對待朋友一樣的去對待下屬員工。研究發現，愉快的或者能帶來快樂的工作往往能滿足人們的動機需求。興致勃勃會讓人更好地發揮想像力和創造力，在短時間裡取得驚人的成績。但是，要使員工永保工作的熱情談何容易？工作就像一場「馬拉松」，參加過長跑運動的人都知道，是否成功突破「極限」對於長跑的成功十分關鍵，在1000公尺、10000公尺的角逐中，人的體力與耐力在不斷地消耗，最後到達「極限」值，如果沒有突破就會功敗垂成。

那麼，如何讓員工在長期平淡無味的工作中突破「極限」，避免或消除厭職情緒呢？

(1)**將領導變爲引導**：傳統的管理者，大多以命令的方式來強迫員工做這個做那個，結果並不理想，這極大地妨

礙了員工的熱情。

有家製鞋公司效益不好，雖然實行計件工資，可是產量就是無法提高，經理嘗試用威脅、強迫的方式要求員工，仍然無效。該公司請了一位專家來處理這個問題，專家將員工分兩組：告訴第一組員工，如果他們的產量達不到要求會被開除；告訴第二組員工，他們的工作有問題，他要求每個人幫忙找出問題在哪裡。結果第一組的產量不斷下降，壓力升高時，有的員工辭職不幹了；第二組員工的士氣卻很快提高，他們依照自己的方式去做，負起增加產量的全部責任，由於齊心協力，經常有創見，單單第一個月產量就提高了20%。這種效果完全是朋友式的誘導造成的。強迫沒能使員工提高業績，相反地，誘導有效地激勵了員工，提高了業績。

引導包含的命令成分要少得多，將領導變爲引導是企業管理者靈活運用激勵原則的高超表現。領導轉化爲引導，對管理者有著較高的要求，首先管理者要有非凡的智慧，能洞察企業運行的實質，企業運行不靠產品，而靠員工，激勵員工是他應做的事。其次，管理者要以身作則、身體力行，對於自己的諾言要言必信，行必果。這樣，員工才會心悅誠服地接受領導，跟著積極行動起來。

(2)**幫助員工從「厭業」到「樂業」**。假如人們覺得工作單調、乏味。如果我們看到一張支票，不妨想像這筆錢將有何用途，這筆錢又來自何方。經過這一番有趣的思考後，便可以瞭解到公司的財務概況。看到一個零件，你倘若能聯想到該零件可能在何處製造、用途何在、有何特徵、同樣的產品別家公司是否製造，如此一思考再經過求證，你就能瞭解同行分佈、公司概況，趣味無窮。

倘若覺得工作單純，還可將其分析看看，經過分析後，你會得知無論多單純的工作也必須由多種要素構成，會不由得對這種複雜性大感驚歎。

(3)**把單調、乏味的工作變得有趣**。變化繁多的遊戲總較單純遊戲來得有趣。

同樣的道理，倘若本身對工作有興趣，再加上工作和本身富於變化，那麼員工做起事來便會著迷，主動去從事複雜、困難之事。要想有效地激勵員工，建議管理者從以下幾點著手：

1.變換工作內容。如齒輪皮帶工作或檢查工作每半天或一天交換一次，即可發生變化。

2.改變工作氣氛。如更改作業台位置、工作場所或房間格局，使氣氛煥然一新。

3.讓一人經辦兩件或三件工作。

4.新增一項工作。本來從事機工工作者，可加強品質預備檢查等工作。

5.把工作區分成幾段。一個人如果自始至終地做同樣的工作，就容易拖拖拉拉，在短時間內將容易完成的小目標一個個分開，效果也許更佳。

如何有效實施績效管理

說起績效管理，有一個經典的管理寓言。

黑熊和棕熊喜食蜂蜜，都以養蜂爲生。牠們各有一個蜂箱，養著同樣多的蜜蜂。有一天，牠們決定比賽看誰的蜜蜂產的蜜多。

黑熊想，蜜的產量取決於蜜蜂每天對花的「訪問量」。於是牠買來了一套昂貴的測量蜜蜂訪問量的績效管理系統。在牠看來，蜜蜂所接觸的花的數量就是其工作量。每過完一個季度，黑熊就公佈每隻蜜蜂的工作量；同時，黑熊還設立了獎項，獎勵訪問量最高的蜜蜂。但牠從不告訴蜜蜂們牠是在與棕熊比賽，牠只是讓牠的蜜蜂比賽訪問量。

棕熊與黑熊想的不一樣。牠認爲蜜蜂能產多少蜜，關鍵在於牠們每天採回多少花蜜——花蜜越多，釀的蜂蜜也越多。於是牠直截了當告訴衆蜜蜂：牠在和黑熊比賽看誰產的蜜多。牠花了不多的錢買了一套績效管理系統，測量每隻蜜蜂每天採回花蜜的數量和整個蜂箱每天釀出蜂蜜的數量，並把測量結果張榜公佈。它也設立了一套獎勵制度，重獎當月採花蜜最多的蜜蜂。如果一個月的蜜蜂總產量高於上個月，那麼所有蜜蜂都受到不同程度的獎勵。

一年過去了，兩隻熊查看比賽結果，黑熊的蜂蜜不及棕熊的一半。

爲什麼會如此呢？黑熊的問題就在於牠評估的績效與最終的績效並不直接相關，導致牠養的蜜蜂爲盡可能提高訪問量，都不採太多的花蜜，因爲採的花蜜越多，飛起來就越慢，每天的訪問量就越少。

本來，黑熊是爲了讓蜜蜂搜集更多的資訊才讓牠們競

爭，由於獎勵範圍太小，爲搜集更多資訊的競爭變成了相互封鎖資訊。蜜蜂之間竟爭得壓力太大，一隻蜜蜂即使獲得了很有價值的資訊，比如某個地方有一片巨大的槐樹林，牠也不願竟把這一資訊與其他蜜蜂分享。

棕熊的評估體系與黑熊相反，不限於獎勵一隻蜜蜂，如此一來，爲了採集到更多的花蜜，蜜蜂相互合作，嗅覺靈敏、飛得快的蜜蜂負責打探哪兒的花最多、最好，然後回來告訴力氣大的蜜蜂一齊到那兒去採集花蜜，剩下的蜜蜂負責貯存採集回的花蜜，將其釀成蜂蜜。雖然採集花蜜多的能得到最多的獎勵，但其他蜜蜂也能撈到部分好處，因此蜜蜂之間遠沒有到人人自危、相互拆臺的地步。

激勵是手段，激勵員工之間競爭固然必要，但相比之下，激發起所有員工的團隊精神尤顯突出。

績效評估是專注於活動，還是專注於最終成果，管理者須細細思量。我們應該鼓勵員工們去追求成功的熱情。但是，有一點必須注意：只有純潔的自信心才能產生健康的熱情。

我們知道，自信心常能幫助人們達到成功。然而，如果一位員工的自信心只是爲了個人的貪婪，那麼他將對同事和公司構成潛在的危害。在不健康的熱情驅使下，很可能會不計後果地胡作非爲。

心理學家赫茨伯格提出的著名的「雙因素論」（保健因素和激勵因素），科學地闡明了調動員工積極性的意義和做法。

首先得注意保健因素，使員工不至產生不滿情緒，保持其積極性，這是一種預防性的維持因素。

更重要的是利用激勵因素，激發員工的精神，增強員工的進取心、責任感、成就感等，讓他們的能力得到最好的發揮。激勵因素就像人們鍛鍊身體一樣，可以改變身體素質，增進健康，是一種積極的內在因素。

在企業中運用績效考核失敗的例子很多，敗因很多，比如考核的內容不合理、配套的措施不完善等等。但我覺得一個根本的內在原因就是：沒有把考核建立在管理的理念上，爲考核而考核。績效管理本身是一種好方法，成敗的關鍵在於運用這種方法的目的是什麼以及如何執行。

總之，黑熊的失敗，就在於績效管理的實施，一是沒有與其最終目標一致，二是員工與員工之間存在著劇烈的

利益矛盾。棕熊的高明就因爲牠把蜜蜂的目標與牠的目標統一起來，蜜蜂之間形成了一個相互合作的團隊。

企業實施績效管理，應當透過上下級之間充分的溝通，將員工目標和表現與企業目標和戰略實現聯繫在一起。爲此，就把績效管理的實施總結爲「一個流程、三個關鍵、二個關注」。

(1)**一個流程**。績效管理看做一個流程，可分爲三個階段：即績效計劃與目標設定、績效強化與指導和績效評估與回報。它們形成一個循環系統，每個績效年度都按這個步驟進行，年初按分解指標做計劃，整個過程中不斷地進行指導和強化，年底或次年初進行評估、反饋，並據此進行薪酬、職位等的調整。即使在某個時間段，也是以這樣的迴圈進行——確定當前目標、實施過程的指導。目標完成情況的評估和反饋、確定下一起的目標……因此這是一個循環往復的系統。

從這個過程中可以看出，績效考核僅僅是其中的一小部分，績效管理的理念更多地體現在自上而下指標分解形成計劃和指導溝通的過程中。

(2)三個關鍵。這三個關鍵：一是員工的目標要與公司的經營計劃，戰略重點相一致，也就是說指標要自上而下逐層分解，保證方向的一致性；二是管理中強調溝通，強調上下層級之間對目標達成共識，及時地進行指導，事前防範，而非事後懲罰；三是注重發現問題，解決問題，著眼未來，而不是簡單追究錯誤，它與第二點較爲相近。

(3)二個關注。績效管理實施的第一個關注是員工對績效管理的認可度。企業在實施過程中最好能對全體員工進行培訓，讓員工瞭解，公司爲什麼要用績效管理——我們的目的、理念是什麼；公司的績效管理制度是什麼；每一階段如何操作，有什麼步驟和要求；各級員工在績效管理中的角色是什麼；每個人要他什麼，持有什麼樣的心態。這樣一方面提高了員工的認可度，另一方面也體現了績效管理本身強調溝通的特點。企業實施績效管理的目的就是要實現員工和企業的共同發展、長期發展，因此在制定績效管理制度時必須考慮員工的切身利益和切實感受，否則是達不到目的的。不僅是績效管理制度，企業實施的任何制度如果不考慮員工的切身利益和感受，都是無法長期實施下去的。

第八章

海狸心得8

壓力、阻力、動力

海狸在修建水壩的過程中也會遇到各種壓力：周圍環境（比如說水流量）的變化會影響海狸的修壩進度，而且天氣的變化以及團隊成員變動等情況也會影響到修建水壩的進度，每次遇到這種情況的時候，海狸們總是會想盡辦法化壓力爲動力，從而最大限度地減少由於周圍環境或團隊內部環境變化所產生壓力帶來的影響。

拿水杯的啓示：工作壓力與工作業績的關係

有一位講師於壓力管理的課堂上拿起一杯水，然後問學員：「各位認爲這杯水有多重？」學員中有的說20克，有的說50克不等，講師則說：「這杯水的重量並不重要，重要的是你能拿多久？拿一分鐘，各位一定覺沒問題，拿一小時，可能覺得手酸，拿一天，可能得叫救護車了，其實這杯水的重量是一樣的，但是你若拿得越久，就覺得越沈重，這就像我們承擔著壓力一樣，如果我們一直把壓力放在身上，不管時間長短，到最後就覺得壓力越來越沈重而無法承擔，我們必須做的是放下這杯水，休息一下後再拿起這杯水，如此我們才能拿得更久。」

我們在職場上也一樣，應該將工作上的壓力於下班時放下別帶回家，回家後應好好休息，明天再拿起，如此我們就不會覺得壓力的沈重了。

英國心理學家羅伯特・耶基斯和多林德對老鼠進行了試驗，結果顯示在刺激力與業績（逃避學習的速度）之間存在著這樣的關係：對於處在一種充滿壓力的工作狀態下，過小或過大的壓力都會使工作效率降低。也就是說，壓力較小時，工作缺乏挑戰性，人處於鬆懈狀態之中，效率自然不高；當壓力逐漸增大時，壓力成為一種動力，它會激勵人們努力工作，效率便逐步提高；當壓力等於人的最大承受能力時，人的效率達到最大值；但當壓力超過了人的最大承受能力之後，壓力就成為阻力，效率也就隨之降低。

一位國外的心理諮詢師這樣說道：「壓力就像一根小提琴弦，沒有壓力，就不會產生音樂。但是如果弦繃得太緊，就會斷掉。你需要將壓力控制在適當的水準——使壓力的程度能夠與你的生活相協調。」

世界網壇名將貝克爾認為他之所以能成為「常勝將軍」，最重要的一點就是在比賽中一直防止過度興奮，而保持半興奮狀態。

許多高效能人士也認爲，低水準的或溫和的壓力對人的工作效率發揮著一種激勵和積極的作用，而過高水準的壓力則是一種衝突的力量和消極因素。壓力過大以致於不能適度應付或無法控制就可能干擾工作業績；適度的壓力能夠提高工作效率，譬如，運動員打破紀錄總是在具有壓力的比賽之中；過度的壓力也會影響工作效率，問題頻繁出現，譬如：焦慮、煩躁。

在其他的刺激程度下，包括高於和低於最佳水準，業績都會產生惡化。兩者關係的基本原理是當一個個體經歷一種低水準的壓力時，他或她沒有被激發活力並且不能明顯地改進其業績；當個體經歷過高水準的壓力時，他（她）可能會花費更多的時間和其他的智謀用於對付壓力，並且投入較少的努力用於完成任務，從而導致業績相對的低下；適度的壓力在工作業績中能激發個人的活力和投入最大的能量。因此，壓力對工作效率影響要一分爲二地看待。

企業如何實施壓力管理

自20世紀50年代以來，對工作壓力與工作效率關係的探討一直成爲管理學、心理學等學科研究的熱門問題之一，許多學者在這方面進行大量的理論和經驗性的研究。

在企業管理中，過度的工作壓力會造成高血壓、心悸、煩躁、焦慮、憂愁、工作滿意度下降，以及工作效率降低、合作性差、缺勤、頻繁跳槽等等各種現象。

根據倒U形假說，我們要對員工的能力和心理承受能力有一個恰當的估計，我們要改變那種「壓力越大，效率越高」的錯誤觀念。身爲管理者，我們應找到一個最佳點，並以此爲標準：當員工和下屬壓力較小時應適當增加壓力，當員工和下屬壓力較大時應緩解壓力。

所謂壓力管理，可分成三部分：一是針對造成問題的外部壓力源本身去處理，即減少或消除不適當的環境因素；二是處理壓力所造成的反應，即情緒、行爲及生理等方面症狀的緩解和疏導；三是改變個體自身的弱點，即改變不合理的信念、行爲模式和生活方式等。

一個完整的職業壓力管理辦法包括：壓力評估、組織改變、宣傳推廣、教育培訓和壓力諮詢等幾項內容，是一個完整的科學系統，並非一蹴可幾。在國外，流行一種名爲員工幫助計劃（簡稱EAP）的服務，就是幫助組織成員克服壓力和心理方面的困難。EAP是英文Employee Assi-

stance Program的縮寫，直譯為「員工幫助計劃」。EAP是由組織為其成員設置的一項系統的、長期的援助和福利計劃。透過專業人員對組織的診斷、建議和對組織成員及其家屬的心理和行為問題，以維護組織成員的心理健康，提高其工作績效，並改善組織管理。

時至今日，EAP已經發展成一種綜合性的服務，其內容包括壓力管理、職業心理健康、裁員心理危機、災難性事件、職業涯發展、健康生活方式、法律糾紛、理財問題、飲食習慣、減肥等很多方面，全面幫助員工解決個人問題，解決這些問題的目的在於使員工在紛繁複雜的個人問題中得到解脫，減輕壓力，維護其心理健康。研究顯示EAP的實施可以大幅度降低員工的醫療費用，減少由健康原因造成的缺勤等。

在日本，政府每隔五年的壓力普查顯示，20世紀80年代以來。日本國民的壓力持續上升。由於日本經濟下滑，日本企業大量裁員，對員工心理造成很大的壓力和影響，由此出現了自殺和抑鬱症等嚴重問題。這使得EAP在日本成為非常重要的服務。日本一些企業中出現的愛撫管理模式就是其中之一，一些企業有放鬆室、發洩室、茶室，用來緩解員工的緊張情緒。另外，積極制訂員工健康研修計劃，也是日本企業幫助員工克服身心方面疾病的舉措。

目前在中國雖然還沒有專業機構對因職業壓力爲企業帶來的損失進行統計，但某些諮詢公司的調查發現，有超過20%的員工聲稱「職業壓力很大或極大」。業內人士初步估計，中國每年因職業壓力給企業帶來的損失，至少在上億元。事實上職業壓力與員工的缺勤率、離職率、事故率、工作滿意度等息息相關，而且對企業的影響將是潛在的、長期的。

如今中國一些大企業也開始注意員工的精神健康問題，並積極地引入EAP。以下是實施EAP的一些行之有效的做法，你不妨試試：

(1)公開討論工作中存在的問題，對於工作要求超出了員工的能力，如設定了不實際的工作期限、工作超負荷等，或是對工作方式、管理方式不能接受的情況僅僅是公開討論本身就能使員工釋懷；

(2)設立「員工談心室」，聘請專家爲員工解除心理壓力，企業領導者也抽出時間直接與員工面對面談心，使員工在傾訴煩惱中化解心理壓力；

(3)根據掌握的資訊合理調配員工職位，實現人盡其才；

(4)設定旅遊計劃，定期舉辦旅遊活動；

(5)準備一些益智性娛樂玩具，供員工在工作間隙消遣；

(6)改善工作環境，儘量使工作場所空氣流通、降低噪音、增加一些綠色植物，也可以佈置一些怡人的花草、在工作場所養金魚、張貼照片和風景畫等；還可以讓員工自己裝飾辦公室、自己設計辦公環境；

(7)在工作場所設置一所隔音室用做發洩室，讓壓力大的員工進去盡情地大喊大叫，發泄一通；發洩室裡可以安裝拳擊袋，讓員工藉此減壓；

(8)在連續工作一小時後實行集體放鬆，要求員工集體做深呼，每天做10～15次，每分鐘呼吸12～16次，也可以做一些肢體伸展運動緩解肌肉張力，加速血液在體內的迴圈，幫助把氧氣輸送到大腦；

(9)在感到工作氣氛緊張時，播放一些輕鬆或者另類的音樂，使員工聽著音樂閉目養神，從而達到減壓的目的；

(10)設定寬鬆的工作規範，不實施監控；安排下午茶、水果等；

(11)讓員工著便裝上班，實行彈性工作制，讓員工自定工作時間；

(12)保持消遣娛樂和工作間的平衡，給工作和娛樂分配好時間，時間分配讓人感到輕鬆自在，勞逸結合分張弛，而不應使人有匆忙感。

第九章

海狸心得9
要事第一

雖然不是時間管理專家，但海狸們對時間管理也確實很有一套。我們知道，由於所處地理環境的關係，在中歐和北歐等許多地方，一年當中適合修建水壩的時間並不是很多，所以海狸們總是面臨著巨大的時間壓力，久而久之，海狸們就形成了一套處理「慢半拍」與「多做事」之間關係的哲學，著名動物學家法布林曾將海狸的這套哲學總結爲四個字：要事第一。

爲什麼每次不一定只做一件事

先來看一個漏斗和玉米的故事。

有個年輕人向當地有名的牧師說，他的興趣相當廣泛，畫畫、拉小提琴、吹笛子、游泳、踢足球等，樣樣都想學，而且還必須得第一才行，可是耗費了多時間卻都無法實現，他感到很痛苦。

牧師說：「年輕人，讓我給你做個試驗吧！」牧師讓年輕人把雙手放在漏斗下面接著，然後抓起滿滿一把玉米放入漏斗中，玉米粒相互堆擠，竟一粒也沒掉下來。當然漏斗的徑口只有一粒玉米大。這時，牧師把漏斗裡的玉米倒出來後，一粒一粒的放進漏斗，玉米粒順著漏斗滑到年輕人的手中。牧師放了十多次，年輕人的手中便有了十多粒玉米。

「這就是你什麼都沒學好的原因，」頓了頓，牧師意味深長地說，「這個漏斗好比你，如果你一次做好一件事，那你就會有一粒種子的收穫和快樂。然而，當你把所有的事情都擠到一起來做，反而什麼都得不到。」

以前曾讀過一個寓言，說是鼯鼠學習了飛翔、跑步、爬樹、游泳等多種本領，可是什麼都不精通。刺蝟法則告訴我們，應當刪繁就簡，擁有一個觀察專長就行。在我們的工作中，有一個重要的手錶定理，講的是一個人有一只錶時，可以知道現在是幾點鐘，當他同時擁有兩只錶時，卻無法確定準確的時間。兩只手錶並不能告訴一個人更準確的時間，反而會讓看錶的人失去對準確時間的信心。

手錶定理認爲，在企業經營管理方面，對同一個人或同一個組織的管理，不能同時採用兩種不同的方法，不能同時設置兩個不同的目標，每一個人不能由兩個人同時指揮，每個人不能同時做兩件事，否則，將使這個企業或這個人容易陷入混亂。

從漏斗試驗與手錶定理可以看出，每一次只做一件事

是有一定道理的。但一次只做一件事的觀點有偏頗。也就是說，有些事情，每次只做一件，只能是針對一些事，而不是所有的事。倘若我們每次只做一件事，的確，一心一意的來做事，容易把事情做好，但一個明顯的問題就是：不能提高工作效率。所以應當一分爲二來對待。那麼，什麼事每次最好只做一件呢？

(1)對於處在創業期的企業，最好一心一意做好主業，等做出品牌後，有了一定實力，可以同時多做幾件事，正如前面所講的可嘗試多元化經營。

(2)兩件事同一個時間或在同一個地點需要你處理，選擇甲，就無法照顧乙；選擇乙，就照顧不了甲，那你就只能加以權衡，做比較重要的那一件。

(3)身爲領導應當懂授權，你只須做不能授權的那件事，把那些必須授權和可以授權的事，讓別人去做。

六頂思考帽幫你每次只做一件事，時間管理讓你先做並多做重要的事

思維混淆不清是我們做事的大敵，我們想要在同一時間做太多的事情，情感、資訊、邏輯、希望和創造力都一

股腦兒地出現，使得我們既浪廢了時間，也沒把事做成。

要避免以上的情況發生，就要使思考者能夠每次只做一件事情。他必須能夠將情感與邏輯分開。這就需要使用「六頂思考帽」這個思維工具。

「六頂思考帽」的顏色各不相同：白、紅、黃、黑、綠、藍。這些顏色也就是思考帽的名字。

「六頂思考帽」的主要價值就在於它們「便於思維」。「六頂思考帽」的顏色和它們的功能有關：

白色思考帽——白色顯得中立而客觀。白色思考帽代表事物的客觀事實與數字。

紅色思考帽——紅色暗示著憤怒、狂暴與情感。紅色思考帽代表我們對事物在情緒上的感覺，是喜歡還是討厭。

黃色思考帽——黃色是耀眼的、正面有。黃色思考帽代表樂觀，是我們尋找事物的優點、希望，正面思想時使用的。

黑色思考帽——黑色是陰沈的、負面的。黑色思考帽可以讓我們尋找事物的負面因素，文不對題能不能做。

綠色思考帽——綠色是春天的顏色，生機盎然。綠色思考帽代表創意，即新觀點和新想法。

藍色思考帽——藍色是冷靜的，它是天空的顏色，在萬物之上。藍色思考帽代表思維過程的組織與控制。藍色思考帽可以控制其他顏色思考帽的使用。

現實生活中，許多事情並不是獨立的，往往是交叉重複的。這時出現了一個矛盾，許多事情都需要在同一時間完成，而你又分身乏術，例如：你正要去和客戶談生意，秘書卻告訴你一個重要客戶投訴需要你親自處理……。類似這些事情總是在干擾著每一個人的計劃和目標，那麼該怎麼處理這些矛盾呢？

簡單地說，一是要做好授權，但這還不夠，你須懂將事物以緊急的問題和重要性爲標準分爲四大類。

⑴**緊急而且重要的事情**：危機、緊急的問題、有限期的任務、有限期的準備事項、有限期的會議。

⑵**重要而不緊急的事情**：準備事項、預防工作、價值觀的澄清、計劃、關係的建立、眞正的休閒充電。

⑶**緊急而不重要的事情**：干擾、信件報告、突發事

件，許多湊熱鬧的活動。

⑷**不重要且不緊急的事情：**細小而忙碌的工作、一些電話、浪費時間的事、逃避性的活動、無關緊要的信件、郵件、party、聚會。

以上四類事情，你要學會盡可能處理那些「重要而緊急的事情」和「重要而不緊急的事情」，少做「緊急不重要的事情」，不做「不重要且不緊急的事情」。這樣，你就不會被那些瑣碎的小事所牽絆，從而有充足的時間做更多的事情。

對於少做或不做不重要的事，有必要再補充一點。成功學中有一個「不值得定律」，所講述的就是：不值得做的事情，就不值得做好。這個定律似乎再簡單不過了，重要性卻時時被人們忽視、遺忘。不值得定律反映人們的一種心理，一個人如果從事的是一份自認爲不值得做的事情，往往會抱持冷嘲熱諷、敷衍了事的態度，不僅成功率低，而且即使成功，也不會覺得有多大的成就感。

因此，對個人來說，應在多種可供選擇的奮鬥目標及價值觀中挑選一種，然後爲之奮鬥。「選擇你所愛的，愛你所選擇的」，才可能激發我們的鬥志，也可以心安理

得。而對一個企業或組織來說，則要正確地分析員工的性格特性、合理分配工作，如讓成就欲較強的職工單獨或主導完成具有一定風險和難度的工作，並在其完成時，給予及時的肯定和讚揚；讓依附欲較強的職工，有更多機會參與到某個團體中共同工作；讓權力欲較強的職工，擔任一個與之能力相當的主管。同時要加強員工對企業目標的認同感，讓員工感覺到自己所做的工作是值得的，這樣才能激發職工的熱情。

有效能的人只會有少量非常重要且需立即處理的緊急、危機事件，他們將工作焦點放在重要但不緊急的事情上，來保持效益與效率的平衡。

有效管理是掌握重點式的管理，把最重要的事放在第一位。有領導決定重點後，再靠自制力來掌握重點，時刻把它們放在第一位，以免被感覺、情緒或衝動所左右。要集中精力於當急的要務，就得排除次要事物上的牽絆，此時要有說「不」的勇氣。

以上的講述讓你對要事有一定的認識，具體如何做好從最重要到次要的事，這裡向你講解一下時間管理的六步法。透過上面的學習，我們知道，一個人一個時間只能做一件事，懂得抓住重點，才是眞正的人才。

會不會利用時間不是單純地看工作時間內是否充滿了各種工作。有很多管理人員，從早忙到晚，不單在工作時間內擠滿了各種工作。而且還在工作時間以外尋找時間繼續工作。單純從這個現象看，並不能顯示該管理人員會利用時間。他的工作精神固然是好的，但他還不能稱得上是最好的經理，也不能稱他是善於時間管理的能手。

會不會利用時間，關鍵在於會不會制定完善的、合理的工作計劃。所謂工作計劃，就是塡寫自己和企業的工作時間表——某年某月某日要做什麼事、哪些事先做，哪些事後做、哪個時間內以哪些事爲重點、安排哪些時間內做什麼事、工作目標何時達到。

這就是時間管理六部法所涉及到的，此法具體操作如下：

(1)**思使命**：什麼是我最爲重要的、最關心的？

(2)**想角色**：哪些重大關係可能會被你忘掉？

(3)**沒目標**：在這個關鍵，什麼是最大的要事？

(4)**周計劃**：最先安排最重要的事。

(5)**日執行：**在每一個抉擇時刻，行使自己對自己的忠誠與責任。

(6)**做評估：**輕者結果，重返使命，調整制定新計劃。

某大石油公司的一個訓練主管，爲推銷員設計了一個預估工業產品推銷方法，他給每人一張表格，並建議他們在每週開始前將它塡好。塡表只要半個鐘頭，但在塡完後每個人都找出訪問客戶的最佳途徑，而且每個停留點上所該做的事，也都記在上面，再也不會被遺忘了。把事情依其重要性列成表，從最重要的開始做，完成後核對一下，再從表中刪掉它。何時開始做記錄表並不重要，重要的是你心中必須經常有時間表的觀念。

時間表讓你把焦點放在重要的事上，把重要而不緊急的事做好，以防危機出現，但一旦有重要而緊急的事需要處理時，必須先做這類事。

爲了事半功倍，須學會一心多用同時做幾件事

「變化太快了！」

這是當代人的同感。在資訊社會，資訊如此發達的今天，無論是企業還是個人，都不得不承認這樣一個問題

——不是大魚吃小魚，而是快魚吃慢魚。

因此，我們只有「提速」，能夠「全速前進」，才能把事做得更出色，而將來的社會，更是要求我們能用「未來時速」來做事，才能取得更高成就。

事實證明，工作和生活中的許多事情都可以同時來做，關鍵是要培養一顆能同時幾用的心，而這正是新時代的要求，藉此，你就能事半功倍。

細心的人會發現，在有些公司，同樣是一齊上班，可是有的人很快就進入工作狀態。舉個簡單的例子，上班時，有的人是先開電腦，邊整理資料，等準備好了，就可以使用電腦了。可是有的人是先把資料準備好，然後才去開機。結果就比別人「慢半拍」。

這也就是說，許多事本來可以同時做，但我們卻習慣把事情分開來，做完一件再做另外的一件。顯然，這是事倍功半的辦事模式。而事半功倍的人常常懂得「一心二用」，甚至是「一心多用」。

做飯時，有的人會一邊熱油鍋一邊切菜。突然一揚手，把蔥頭丟到油鍋裡，爆炒幾下，反手打開冰箱拿肉，

一會兒就把飯菜做好了。

華羅庚先生寫過一篇《統籌方法》的文章，就是叫人們要懂得一時多用，才能把洗茶杯、燒開水、泡茶喝這件事在一個較短的時間內完成。

在電視臺從事新聞播音的人都會有這樣的經歷。有時候一邊播新聞一邊耳機響，裡面是導播的聲音，說新聞稿某個地方有問題需要改，或者把這條新聞換掉，臨時加上一條。要是剛從事播音的，可能會不適應，因爲播報時，就聽不到耳機裡的「提醒」，否則一心留意導播的話，就又忘了要播新聞，可是，還有更高明的主播甚至能一邊聽導播提供的資料，一邊天衣無縫地組合成新聞稿，馬上播報出來。

總之，工作中我們應當積極些，許多事都可以同時做，做到「一目十行」，到飯店就餐時，你可以一邊等上菜一邊看點書或想想工作中的問題。凡是能夠一時做幾件事，你都要努力去做，才能取得加倍的成功。

第十章

海狸心得10
天下大事皆成於細節

修建水壩是一項極重細節的工作，其精細程度可用「失之毫釐，差以千里」來形容，一根樹枝放錯位置都會影響到整個水壩的堅固程度以及對水流的利用程度，所以在修建水壩的過程中，海狸們極其注重細節——事實上，據說牠們早在規劃水壩的過程中就已經想好了每根樹枝放置的具體位置，以及修建水壩過程中可能的水流及天氣變化。不僅如此，在進行分工的時候，海狸們還會有一套類似於「工作說明」的問題，將每項工作的細節一一列出，從而使其具有明顯的可執行及可檢測性。

他們的致富始於幾個字或一枚銅幣或……

美國作家馬丁曾經這樣寫道：「人們往往為了一心要摘取遠處的玫瑰，反而將近在腳邊的菊花踏壞了。人們總是忘記，大事業都要從小處著手。」在美國標準石油公司，有一個名叫阿基勃特的小職員，一開始並沒有引起人們特別的注意。阿基勃特敬業精神特別強，無時無刻注意維護和宣傳企業的聲譽。

在遠行住旅館時，總不忘在自己簽名的下方，寫上「每桶 4 美元的標準石油」的字樣，在寫信給親友或相識的人時，甚至在打收據時也從不例外，簽了名後，就一定要寫上那幾個字。爲此，他被同事們叫做「每桶 4 美元」，而他的眞名反倒很少有人叫了。

這事被公司董事長洛克菲勒知道了，他感到非同小可：「竟有職員如此努力宣揚公司的聲譽，我要見見他。」

於是，他邀請阿基勃特共進晚餐，對其所作所爲充分肯定，大加讚揚，並號召公司職員學習他這種精神。後來，洛克菲勒卸任，阿基勃特成了標準石油公司第二任董事長，人們對他刮目相看。

有許多事情，做起來並不需要費很大的力氣，也不需要特別的本事，只要認眞去做，一絲不苟，就能產生巨大的效益，甚至改變一個人生活的軌跡，帶來光明燦爛的前程。

在簽名的下方寫上「每桶 4 美元」，需要多少知識？需要多大的能力？據說，法國銀行大王恰科年輕時到一家銀行求職，被拒 52 次，後來因撿起地面一根大頭針，恰被老總看到而得到錄用，之後恰科平步青雲。是啊！像他們這樣的舉手之勞誰不能？然而在許多人看來，這一類小事太不起眼、太微不足道了，因而不屑於做、不願意做。有

的人甚至還會嘲笑阿基勃特和恰科，認爲他們太「小家子氣」，缺乏「雄心壯志」。

事實上，許多重大的成就都是來自小事，伽利略看到單擺，發明了掛鐘；牛頓看見蘋果落地，發現了萬有引力……，一陣風可能成爲鮮花綻放的理由，一杯水也許是口渴者幸福的原因。決定命運有時是小事，決定小事的是教養。一個你認爲無足輕重的小東西，往往在關鍵時會有四兩撥千金的力量。一件你不屑一顧的小事，可能會成爲改變你命運的跳板，一旦失去會讓你追悔莫及，甚至要付出上百倍的努力才能挽回。

對待細節，需要的是你重視與關注的程度，而不是知識與才華。世界上到處都是有才華的人士，但在事業上卻庸庸碌碌，沒法與標準石油公司董事長的阿基勃特和成爲法國銀行大王的恰科相比。在衆多的人中，只有阿基勃特和恰科有這麼一種嚴肅認眞的態度和一絲不苟的作風，認認眞眞去做那些人人都能做到但卻不願做的「小事」，且樂此不疲、心甘情願。這與他們後來事業上的成功有著必然的聯繫。

也許，阿基勃特當初在簽名下方寫上「每桶4美元」

時，並沒有想到會當上公司董事長，同樣，恰科當初彎腰拾起銀行門前地面上的那根大頭針時，也未必會想到能成爲銀行大王，甚至連銀行會雇用他也沒有想到，只是出於一種責任感，認爲應該認眞做好這類「小事」。

正是這種認眞、細心的作風，奠定了他們事業成功的基礎。其中的道理說起來也十分簡單：大事業和小事情有著十分密切的聯繫，任何大事業總是由一件件小事串成的，不認眞做好每一件小事情，所謂大事業就是一句空話。做好每一件小事，你就是在做大事。

曾經發生過這樣一件事，一個年輕人在大街上捉到一隻老鼠。他把老鼠送到一家藥鋪，得到一枚銅幣。他用這枚銅幣買了一點糖漿，和著水給花匠們喝後，花匠們每天送他一束鮮花。他賣掉這些鮮花，便積聚了8個銅幣。

一天下大雨，御花園裡滿地都是被狂風吹落的枯枝敗葉。年輕人對園丁說：「如果這些斷枝落葉全歸我，我可以把花園打掃乾淨。」

園丁們很樂意：「先生，你都拿去吧！」

年輕人走到一群玩耍的兒童中間，分給他們糖果，頃

刻之間，他們幫他把所有的斷枝敗葉撿拾一空。皇家廚工到御花園門口看到這堆柴火，便買下運走，付給年輕人16個銅幣。

年輕人在城郊擺了一個水罐，免費供應500個割草工人飲水。不久他又結識了一個商人，商人告訴他：「明天有個馬販子帶400匹馬進城。」

聽了商人的話，他對割草工人說：「今天請你們每人給我一捆草，行嗎？」

工人們很感激年輕人爲他們提供飲水，便都很慷慨地說：「行！」

馬販子來後，需要買飼料，只有年輕人這裡草多，使用1000個銅幣買下了這個年輕人的500捆草。

後來，年輕人成了遠近聞名的富翁，他發跡的本錢是一隻老鼠換來的一枚銅幣。

古人說過：「天下難事必做於易，天下大事必做於細。」於平凡中見偉大，於細微處見精神。認眞細心做好每一件小事，是成就任何事業都必須具備的素質和作風。生活中有些人眼高手低、志大才疏，整天想著做大事，想著轟轟烈烈、出人頭地，卻不願做眼前那些小事，結果是小事不願做，大事做不來，只能碌碌無爲、一事無成。一分辛勞，一分收穫。種瓜者得瓜，種豆者得豆，種蒺藜者得蒺藜。「千里之行，始於足下，九層之台，起於壘土。」與其在那裡高談闊論，面對虛無飄渺的「大事」悲傷歎息，不如面對現實，從點滴做起，認眞地做好眼前的「小事」，「勿以善小而不爲」，並且堅持不懈、樂此不疲。透過一件件小事磨練意志，錘鍊人生，勝利和成功就會向我們招手。

細節的一半是天使，一半是魔鬼，企業要做好細節管理

有一次，朋友向我出了一道考題：

假如白糖每斤的價格爲0.84元，火柴每盒的價格爲0.02元。

那麼，請問，現在給你0.84元，你能不能用它買到1斤白糖和2盒火柴。

我一看，愣住了，這怎麼可能呢？雖然我不是學經濟的，但市場遵循的是等價交換的原則，俗話說：「一分錢一分貨。」世界上那有這麼好的事，少花錢，想多買東西。

我說：「你這是跟我玩腦筋急轉彎吧！」

「不是，告訴你吧！這是某家公司的面試題，據說答對了年薪百萬元。」朋友回答。

「這怎麼可能呢？」我感到很吃驚。

此時，我看了朋友一眼，只見他詭秘的一笑，說：「這個世界上，一切都有可能，只有想不到，沒有做不到。」

「別吹牛了，一定是你瞎編的，那你說該怎麼買？」我急切地想知道答案。

「現在還不能告訴你，要讓你想一想。」朋友一臉詭秘的樣子。說實在的，我現在是多麼迫不及待地想知道，他就像是在跟我玩捉迷藏。「別跟我兜彎子了，趕快告訴我吧！」我似乎有點求他了。

「你這麼懶得動腦筋，我不能告訴你。」朋友的口氣好像雷打不動似的，非得逼我動腦不可。

「通貨膨脹時就能買到。」我答道。

朋友一聽，大笑著說：「笨蛋，你又不想想，通貨膨脹時，貨幣貶值，錢不值錢。」

我突然明白自己太沒大腦了，急忙說：「當商品也就是白糖和火柴供大於求時，就能買到。」

朋友還是在笑：「看來你眞是個大傻瓜，題目中不是說好了它們的價格了嗎？而你竟亂答一通。」

「那我眞的想不出來，你還是告訴我怎麼買吧！」

這時，朋友終於告訴我：「其實答案很簡單，如果你分十次在10個不同的地方，每次只買一兩，根據『四捨五入』的原則，你每次就能省出0.004元，十次就是0.04元，恰好就能節約出0.04元購買兩盒火柴。」

聽著朋友的解釋，我不由得感歎一番，看來我的智商只能拿幾千元，同時又覺得這個答案眞是妙呀！它把整個過程細化了，在每一個細節裡它都賺取到了價值。這應該就是細節重要性的體現吧！

細節的重要表現在管理上就更具兩面性，我們容易躲開一頭大象，但很少有人能避免從不被蚊子叮咬。幾乎每個人都被蚊子叮過，但是沒有人被大象咬過，一些常常讓管理者忽略的細節，對企業的發展有很大的影響。同樣的，我們大家都想在一生中完成一件大事，但許多人不瞭

解現實生活是由許多小事情、小細節組成的，只要將小事情做好，可以幫助我們避開許多無謂的困擾和障礙。細節之所以重要，在於它是構成整個系統的點。如同點陣圖，放大若干倍後你會清晰地看見組成同點陣圖的各個點。

但在現實中，我們往往關注的是整個企業的大系統、整個大局，而對組成系統的小細節置若罔聞。但大系統、大現象卻由於人的局限和認知而不能察覺，所謂「大象無形」應該就是這個道理吧！西方哲人說過：「魔鬼在細節中。」但天使也在細節中，現代社會中，細節關注對於企業越來越重要，企業與企業間的競爭日益變成對細節的競爭。許多經營者越來越注重經營過程中的細節，依靠某些不顯眼但極富個性、極能吸引人的細節取勝。2003 年年初，我去北京圖書大廈發現了這樣一件小事。記得2002年下半年去圖書大廈時，我見一層大廳門口，放置的是政治、法律、成功、哲學、心理、婚姻……我這次去的目的是打算買本婚姻方面的書，一進門便信步朝自己想像的地方走去。令我吃驚的是，眼前擺法已今非昔日。在購書回來的路上，我大有「世異則事異」、「事異則備變」的感慨，不禁想起了一篇幾年前讀的文章。

某條街上有兩家比鄰的服裝讓，附近住著一家人。姐姐總是去左邊那家店購物，妹妹感到很疑惑，便問：「姐姐，是那家店的衣服更好嗎？」

姐姐笑了：「其實兩家賣的衣服的款式、質料、做工，就連牌子也都差不多。」

「那秘密在什麼地方呢？」

「右邊的那家店，一套衣服讓模特兒穿一個季節；左邊的那家店則不同，裡面極富變化，模特兒的樣衣一個月變換很多次，從款式到色彩，總是別有花樣、層出不窮。」姐姐講到這裡，停了一下又接著說，「妳不認爲左邊店的老闆很有格調嗎？她把自己的店當成一個展示服裝的平臺，精心而恰如其分地裝飾自己的服裝，認眞而細緻地裝扮模特兒，把一個經營者的生活情趣、審美理念，以自然、淳樸、精細的手法生動地表現給顧客。可以想像，這家店主是一個優雅、勤奮的人，一個熱愛生活的人。到她店裡購物，簡單是一種享受。」

企業中的許多問題，都是源於對細節忽視、對小事輕視。可以說，企業成於細節，亦敗於細節。對消費者而言，他們也越來越被消費過程中的種種細節所「俘獲」。例如：彩色報刊、孩子的書邊角是圓的、飲水機旁附有紙

杯筒、即時貼信封、袋裝物品留出易撕口、銀行取錢送信封等等。實際上，一家企業、一種產品、一個行銷行為能吸引人們「目光」、集中消費者「注意力」的往往就是其中與衆不同的細節。於是，「細節經濟」也與「注意力經濟」、「目光經濟」等一樣，越來越受到人們的關注。

外國的企業管理者對細節尤為重視，國際名牌 POLO 皮包憑著「1 英寸之間一定縫滿 8 針」的細緻規格，20 多年立於不敗之地；德國西門子 2118 手機靠著附加一個小小的 F4 彩殼而使自己也像 F4 一樣成了「萬人迷」；肯德基、麥當勞憑著細緻周到、嚴格規範的產品製作要求和服務程式將分店開遍了全世界。而在我們周圍，類似以細節取勝的管理之法也逐漸地湧入我們的視野。一些細緻的飯店在餐廳裡準備了若干個專供矮小兒童使用的椅子，在麥樂迪 KTV 裡侍者跪式結帳體現了對顧客的尊重，如此等等，不一而足。

如今，越來越多的企業管理者已經明白了細節的重要性，對小小細節的不屑一顧而造成的雪球效應使企業家膽寒，現在的企業管理者已經能從細節中製造價值，已經能從關注大戰略、大目標的思維轉而關注小細節，這無疑是企業智慧管理的重要表現。

第十一章

海狸心得11
尋求幫助是一種智慧

人類的個人英雄主義在海狸當中並不流行，海狸們向來是尋求幫助的高手。

有人親眼見過海狸們在水量高漲的時候運輸大批的樹枝到自己的築壩地點，在水流量減小，運輸樹枝相對困難的日子裡，海狸們就會集中精力修建水壩，把搬運樹枝的工作留到下一次的水量高漲時期。除此之外，海狸們在進行合作的過程中也經常會向自己的同伴發出求助信號，尤其是當一隻海狸銜著樹枝游過深水的時候。

爲什麼小鳥比鷹飛得高

烏鴉喝水的故事，想必大家都很熟悉，烏鴉之所以喝到了水，就是聰明的牠懂得借助石子，使水位升高到合適的位置。

成功來自於方法。借助工具，往往能將不可能的事變成可能。凡事要善於運用方法和工具。需求——尋找——出現問題——嘗試——善用資源——採取合適的方式——喝到水啦！

一天，衆鳥在爭論，誰能飛得最高，最後牠們決定來一次比賽。鷹覺得牠肯定能飛得最高，就用力地往高處飛，直到再無力往上飛時爲止。這時候其他的鳥都已經回到地上，只有鷹高高地飛在天上沒有回來。但是牠沒有想到，在牠的背上趴著另一隻小鳥。當鷹已經飛不動的時候，這隻小鳥從牠的背上一躍而起，飛得比鷹還要高。

按照馬斯洛「需求層次理論」，在一個企業中，每一位員工都希望自己飛得更高一些，企業也有義務爲員工實現自我價值提供更爲廣闊的舞臺。但是他們到底能飛多高呢？這在基本上要借助下面的那隻鷹，這隻鷹就是企業文化。願每一位管理者都能有這樣崇高的精神境界，以雄鷹的力量，把小鳥托上廣闊的天空。

槓桿原理：借助是創造奇蹟的支點

槓桿是一種簡單機械，它是能繞著固定點轉動的桿。繞著轉動的固定點叫支點，動力的作用點叫動力點，阻力的作用點叫阻力點。改變三點的兩段距離的比率，可以改變力的大小。這就是槓桿原理，借助槓桿，人們可以很方便、很輕鬆、很高效、很省力的做很多事。阿基米德曾「狂言」：給我一個支點，我就能撬起地球。可見槓桿的力量。我們要懂得槓桿原理，在工作中學會借助。

一個人能竭盡自己的能力去完成一項事業，這是難能可貴的，也必須要那樣去奮鬥。如果一個人沒有自己的奮

鬥目標，又不肯付出自己的力量去實施自己的計劃，這個人很難事業有成。

但是，一個人或一個團體組織，僅靠自己的力量是不夠的，尤其是當今科學技術高度發達的情況下，門類很多，社會分工精細，一個人或一個團體所掌握的科學技術知識是極有限的，在某些科學技術乃至具體工作環節上，哪怕是最傑出的人物或團體，亦不可能獨自完成，必須要借助別人的力量才能攻克。

這就好比一個人如果沒有資金，即使是有世界上最好的創意也毫無用處。管理是人在人們腦中進行的競爭遊戲。你需要資金使你的想法進入人們的頭腦，你還需要資金使你的想法根植在人們的頭腦中。所以，你需要做的是，利用你的想法，借助他人獲得資金，而不是純粹地憑藉市場的幫助。

美國輪胎大王福瑞士通（Firestone）創業人菲力・斯通從羅唐納處購得充氣橡膠輪胎的專利，但苦於沒有銷路。恰逢汽車業巨子福特發明T型車，菲力・斯通遂把福瑞士通輪胎賣給福特，結成行銷聯盟。

這一買賣做了長達100年，奠定了Firestone輪胎業巨子的地位。

IBM一直是巨型電腦的「藍色巨人」，但由於漠視了微機的發展，致使蘋果電腦侵入市場。

爲反擊蘋果，1997年，IBM著手開發微機。

爲了與蘋果爭奪市場，IBM第一次放棄了完全以自主技術來生產計劃的方式，決定採用市場上的現有技術。

IBM爲自己的微機選擇作業系統和編寫程式，先找了美國海軍研究院電腦教授基爾道，因爲他研製出的微機上第一套作業系統CP/M廣受歡迎。基爾道乘機索要高價，向IBM開出每套作業系統200美元的權力金。

IBM轉而找到比爾・蓋茲，雖然比爾・蓋茲並沒有開發過微機作業系統，但他立刻表示要爲IBM專門設計一套作業系統程式，且要價很低。比爾・蓋茲只希望自己將來還可以向其他客戶銷售略微修改的作業系統版本，這一要求被認可，IBM與比爾・蓋茲欣然簽約。聰明的比爾・蓋茲就近利用西雅圖電腦公司的成果，又借助了IBM遍佈全球的行銷力量，「借花獻佛」使這位日後的「世界巨富」

掘來了第一桶金。這一年，比爾・蓋茲才25歲。

一個人或一個團體，凡是善於借助別人力量的，大都可以事半功倍，更容易且更快捷地達到成功的目的。

密歇爾・福裡布林經營的大陸穀物總公司，能夠從一間小食品店發展成爲一家世界最大的穀物交易跨國企業，主要因其善於借助先進的通訊科技和善於借助大批懂技術、懂經營的高級人才。他不惜成本不斷採用世界最先進的通訊設備，願意付出極高的報酬聘請有眞才實學的經營管理人才到公司工作。這樣，使公司資訊靈通，員工精通操作技巧，競爭能力總勝人一籌。他雖然付出了很大代價取得這些優勢，但他借助這些力量和智慧所獲得的收益遠比他支出的多得多。

槓桿原理便是人類「借」力的一種發明，其後又發現了滑車的原理。隨著時代的進步，人們知道把大小不同的滑車加以組合，就可以用更小的力量舉起更重的物體。今天，只要一個人坐在起重機的坐墊上，就可以操作幾十萬斤的鋼架、貨櫃。人類依靠智慧使人的力量發揮出最大的限度。

在人類的一切活動中，任何一項成功的事業，都是運用了槓桿原理和滑車原理，借助別的力量使自己的能力發揮到最大效果的。

北京申奧成功後，內蒙古蒙牛集團提出向北京奧運會捐款1000萬元人民幣。蒙牛的1000萬元計劃這樣捐出：在每根雪糕、每袋牛奶的銷售收入中各提取一厘錢，從2001年7月13日到2008年奧運結束，歷時7年多，預計銷售100億(支、袋)以上，累計提取人民幣1000萬元以上，此款將分期分批捐給奧運會組委會。2001年7月10日，蒙牛舉行「一厘錢精神，千萬元奉獻」新聞發佈會，公開承諾：申奧成功後，蒙牛將捐款1000萬元。同時，就此向中國奧林匹克運動委員會致信，《光明日報》、《中國經濟導報》等幾十家媒體對此做了報導。

三天後，呼和浩特市人民政府向北京發出賀電，賀電重申蒙牛的助奧承諾。

2001 年 7 月 14 日中央人民廣播電臺播發這一賀電。

「再小的力量也是一種支援。從現在起，你買一瓶農夫山泉，你就為申奧捐出一分錢。」這是北京申辦 2008 年奧運會過程中，中央電視臺播放的一則農夫山泉廣告。農

夫山泉倡導的這種「聚沙成塔」的宣傳理念，讓你分不清是商業廣告還是公益廣告。

農夫山泉不以個體的名義而是代表消費者群體的利益來支援北京申奧，以企業行爲帶動社會行爲，以個體力量拉動整體力量，以商業性推動公益性。這種新穎的行銷方式，引起社會的廣泛關注。

「喝農夫山泉，爲申奧捐一分錢」活動展開後，半年多時間「農夫山泉奧運裝」在全國銷售近5億瓶，比上年同期翻一番，也就是說，農夫山泉代表消費者已爲北京申奧貢獻近500萬人民幣，「一分錢」做出了大文章。

借的實乃消費者的錢，卻使消費者心甘情願地掏錢，寓行銷於無形中。

任何事業都不能一蹴可幾，但成功的辦法卻是多種多樣的，辦法得當，則可快捷省勁。善於「借」力，則是一種事半功倍的訣竅。而在商務活動中，能夠利用周圍環境中的有利因素是在競爭中獲得先機的關鍵之一。

人互有短長，你解決不了的問題，對你的朋友或親人而言或許就是輕而易舉的，記住，他們也是你的資源和力量。

我們應當注重實際，以行動爲導向，以現實的思維考慮問題，懂得優秀領導藝術的一部分便是爲了應對眼前的形勢而使用最有效工具的能力。

但是，我們不要受限於管理技巧的工具箱，因爲管理技巧並非神奇的靈丹妙藥，而只是睿智的領導者在恰當時機使用的工具，此後又會將它們擱置一旁。

第十二章
海狸心得12
應對危機

海狸們顯然不會刻意地利用危機，對牠們來說，危機意味著危險，而不是機遇。但在長期的自然演化過程當中，海狸們也確實摸索出了一些應對危險的好方法。首先，牠們會做好危機防範工作，儘量在戰略規劃、作業分工、選擇地址的時候考慮到各種可能出現的危險，儘量減少潛在損失。其次，有人觀察海狸們會在天氣突變之前提高工作效率，比如說搬運更多的樹枝，或者是及時增加水壩的堅固程度，對人類社會來說，這無疑是「化危機爲動力」的一個絕佳詮釋。

青蛙的陶醉與野鴨的貪戀

日本管理學家小池敬講過這樣一句話：「越是沈醉，就越是抓住眼前的東西不放。」身爲企業的管理者應當要有憂患意識，一味沈醉，哪怕是眼前的東西再美好，也總有消逝時，而此時危機正緊跟其後，會讓你束手無策。

國際商用機器公司（IBM）創始人湯姆斯・沃森的長子小湯姆斯，身爲該公司領導層中最重要的決策人，曾講述這樣一個故事：

野鴨子每年都要從北方飛到南方過冬，可是，一些北方人因爲喜歡鴨子，經常爲牠們提供食物。於是，一部分野鴨子因貪戀這些食物便留在了北方，慢慢被馴化成了家鴨，連飛也飛不動了。因此，人們只要停止提供食物，牠們就只有死路一條。而那些每年不辭辛苦堅持飛往南方的野鴨子呢？牠們活得很好，並且越來越健壯！

野鴨子變成家鴨，喪失飛行能力，是因滿足一時的舒適。在經濟生活中，類似的行爲也很多。有很多的企業，由強變弱，最終慘遭淘汰。儘管這些企業敗走麥城的原因各不相同，但有一點卻是共同的，即缺少一種憂患意識和危機意識，安而忘危、缺少遠慮，對面臨的危險認識不足、準備不足，最終導致企業失敗。

企業的發展始終伴隨著風險，近年來發生的九一一恐怖襲擊、安然公司醜聞以及SARS流行病毒，引發了政治、經濟、法律、文化以及生活各層面的震盪和思考。

生於憂患，死於安樂，危機管理已經成爲任何政府和企業都必須認眞對待的重大課題。

考慮到無法預計的危機帶來的嚴重後果，政府和企業需要提高防範和應對危機的能力。對於經濟飛速發展的中國，有效、及時、平穩地處理各種類型的危機事件已經成

爲今後一定時期中國各級政府必須高度重視的重大挑戰，直接關係到政府在人民群衆中的威信和形象，直接影響著中國社會的穩定和經濟發展。幾乎所有的世界五百強企業都有自己企業的危機管理方案，中國企業走向國際化充滿風險和挑戰，危機管理是中國企業必須補上的一堂課。

只有頭腦清醒，保持危機感，才能取得成功

深圳華爲老總任正非的《華爲的冬天》震撼了業界。用任正非的話說：「十多年來我天天思考的都是失敗，對成功視而不見，也沒有什麼榮譽感、自豪感，而是只有危機感。也許是這樣才存活了十年。」海爾老總張瑞敏說：「我每天的心情都是如履薄冰，如臨深淵。」

在國外，英代爾公司原總裁兼首席執行官安德魯·葛洛夫有句名言叫「懼者生存」。這位世界資訊產業巨子將其在位時取得的輝煌業績歸結於「懼者生存」四個字。

在德國賓士公司董事長埃沙德·路透的辦公室掛著一幅巨大的恐龍照片，照片下面寫著這樣一句警語：「在地球上消失了的不適應變化的龐然大物比比皆是。」

通用電氣公司董事長兼首席執行官威爾許說：「我們的公司是個了不起的組織，但是如果在未來不能適應時代

的變化就將走向死亡。如果你想知道什麼時候達到最佳模式，回答是永遠不會。」

微軟公司總裁比爾・蓋茲的一句名言是「微軟離破產永遠只有18個月」。

美國《大西洋》月刊載文指出，成功企業必須自我「毀滅」才能求生。如果它們不自我「毀滅」，別人將把它們毀滅，讓其永無再生之日。

總之，我們不能只看到企業發展的有利因素，而忽視了潛在的風險；也不能看到對手的弱點，而忽視自身的不足。

隨時防範危機，做好零缺陷管理

古希臘神話中有一位偉大的英雄阿基里斯，他有著超乎普通人的神力和刀槍不入的身體，在激烈的特洛伊之戰中無往不勝，取得了赫赫戰功。但就在阿基里斯攻佔特洛伊城奮勇作戰之際，站在一邊的太陽神阿波羅卻悄悄一箭射中了偉大的阿基里斯，在一聲悲涼的哀歎中，強大的阿基里斯竟然倒下去了。

原來這支箭射中了阿基里斯的腳後跟，這是他全身惟

一的弱點，只有他的父母和天上的神才知道這個秘密。在他還是嬰兒的時候，他的母親、海洋女神特提斯，就曾捏著他的右腳後跟，把他浸在神奇的斯堤克斯河中，被河水浸過的身體變得刀槍不入，近乎於神。可是那個被母親捏著的腳後跟由於浸不到水，成了阿基里斯全身惟一的弱點。母親造成的這個惟一弱點要了兒子的命！

「零缺陷」管理是提高產品品質的有效方法。由於局部細微的弱點而導致全局的崩潰，就是這則寓言所揭示的道理。品質管理也同樣如此。企業生產經營的每一個環節，與市場銷售及售後服務都密不可分，一個零件裝配的失誤，就可能給整個企業帶來巨大甚至致命的損失。因此，一定要全力把好質量關。「零缺陷」管理就是對品質控制與保證的管理創新。

美國著名質量管理專家朱蘭博士曾斷言：如果說20世紀是「生產率的世紀」，那麼21世紀將是「質量的世紀」。

品質的世紀，標誌著對品質工作要高度重視。中國在1978年開始推行全面品質管理，其後的《產品質量法》、《質量振興綱要》陸續出臺並實施，爲品質工作提供了前所未有的空間。隨著人民群衆對產品的需求由滿足基本生活向重質量、重品位延伸，中國的質量工作正逐步由被動質量向主動質量轉變。

品質的世紀，需要一大批品質專業人員爲之工作和奮鬥。品質人才要具備參與企業質量工作總體策劃的能力，能具體負責落實企業的品質方針和品質目標，進行現場指導和幫助解決實際品質問題。這就要求他們旣懂生產技術又懂管理。從摩托羅拉公司的六西格瑪缺陷管理，到國際上通行的ISO9000系列品質管理，都凝聚著品質工作者的辛勤汗水和勞動。

身爲品質的「守門神」，當前中國衆多的品質工作者存在著諸多不足，主要表現爲：缺乏一批高素質的品質專業技術人才；在職的品質專業人員素質參差不齊；一些企業的經營管理者和技術人員缺乏基本的品質管理知識；品質專業人員缺乏系統的質量專業知識和技能培訓；國內高等教育中品質管理內容比較薄弱。

這些問題的存在，是導致中國產品品質總體水準偏低的重要因素。許多產品檔次低品質差、可靠性不高、抽查合格率低，導致重大品質事故時有發生。

企業做好「零缺陷」管理對於防範危機是極其有效的。

企業要有更有效的防範危機，還得考慮企業許多危機的發生，常常是企業者盲目地追求最大利潤引起的。身爲明智的企業管理者，應當把最大利潤化轉變爲追求價值最大化。

所謂價值就是一個企業服務於目標顧客的能力、水準和責任感。當「3・15」被越來越廣泛關注時，我們不得不承認企業價值將在「3・15」這一天得到嚴格檢驗。

因此，從某種意義上講，「3・15」就是企業的價值年度決算日。財務年度只是對企業贏利能力的一次決算，考量一家企業創造利潤的能力和水準。

所以，管理好「3・15」危機（「3・15」危機在此泛指消費者危機，包括消費者博弈能力增強危機、消費者信任危機和消費者流失危機等），實質就是維護企業的價值讓渡能力。

「3・15」危機時刻存在，因此有人要變「3・15」爲「365」，即天天「3・15」。我們應當做好「3・15」危機的預防，在危機未發生之前，應居安思危，防患於未然，具體可以從下面幾點努力：

(1)企業應當根據自身的特點，重視顧客的需求，提升自己的讓渡能力完全滿足顧客的需求，並把顧客的需求作爲工作的出發點和歸宿。

(2)按顧客要求的內容充分做好達到需求的各種準備，積極預防可能發生的問題。

(3)實施中要第一次做對，不能把工作過程當試驗場或改錯場。

(4)任何失誤或製造的麻煩都以貨幣形式衡量其結果，不用籠統、抽象的名詞含糊其事。

(5)把產品質量和服務的「零缺陷」分解爲8個分目標，並將責任落實到各個部門各專業組直至各個職位，按計劃分步實施。

(6)利用各種方式不斷地掃除心理障礙，從思想上讓渡到實現「零缺陷」有利公司也有利於自己，改變做人做事的不良習氣，樹立超凡脫俗的理念。

(7)把實現「零缺陷」的優劣與個人在公司組織中的地位和收入直接掛鉤，對出現問題按不同責任根據衡量結果分別承擔相對的賠償。

(8)透過培訓、技能競賽等強化員工技能提高，以達到「零缺陷」。

(9)每天都要對當天實現「零缺陷」情況進行登記檢查，發現問題及時糾正、及時處理，對客戶投訴一般應在8小時內處置完畢，誤時、誤事按分鐘計算損失。

(10)公司管理由金字塔式改變爲以客戶需求爲軸心、各部門自爲模組互爲客戶的矩陣式，加速了資訊交流速度，突出了全員面對市場。

(11)普通員工的工作標準化、程式化，不達標準不上任，誰違規誰負責；工程師實行專案負責制管理，按明確要求——周密計劃——大膽實踐——衡量改善四步實施；主管和部門經理都按本專業特點，各自總結一套實現「零缺陷」管理方法，並在實踐中不斷完善。

(12)「零缺陷」要求層層完善、系統健康；做到個體難出錯、相互能提醒、主管會把關、經理會督導、公司常協調，把問題解決在自己手中、解決在萌芽狀況，並力爭一次連根拔掉。

(13)實行個人自查、小組互查、經理督查和職能部門考察、顧問團不定期抽查，並次次公佈結果，明確問題、原因、責任、獎罰。

(14)實現「零缺陷」是全體員工的事，不能有任何特殊部門和特殊人物，發生了問題不論何人都要接受處罰，員工發生問題從主管直到總經理都要負連帶責任。

(15)「零缺陷」是一項攀高峰工程，在分步實施中，對達標的個人和組織適時給予獎勵，對工作中有創新的工程師給予重獎。

(16)把「零缺陷」實現結果按不同專業分解成若干指標，以此衡量每個人的工作實際業績，並把個人業績與團隊合作緊密相連，作爲員工進退升降的依據。

(17)對生產要素的各種條件包括設備、環境、材料等都要按「零缺陷」要求優化配置，以全面符合工作條件，打牢實現「零缺陷」的物質條件。

(18)每週、每月都要分析公司和各子系統實現「零缺

陷」中的問題，並不斷改進。

如何正確而恰當地處理危機

有個人在距離岸邊不遠的地方划著一艘小船，他雖然使勁地划，但船身就是動得很慢。

岸邊一位婦人看到這個情形，並且注意到船身裂縫很嚴重，船已經漸漸往下沈了。她大聲叫著這名划船的男子，同時也見他正忙著將水舀出船外而無暇理她。

於是她喊得更大聲了，但那男子還是繼續一面划船一面舀水，最後她只好扯開了嗓門叫道：「嘿！你要再不上岸把船補好，你就要沈下去了！」

「謝了，這位小姐，」他回答說，「不過我沒空去補船的裂縫啊！」

這是一個笑話。然而，我們都遭遇過類似的狀況，使盡了全身的力氣，忙得團團轉，也無濟於事。此時，忙碌是無法捕裂縫的原因，而船漏的同時也是忙碌的原因！這像不像一隻狗在狂追自己的尾巴？結果那人不是被淹死了，反而是被累死了！忘記了忙碌爲的是什麼是很可悲的，因爲那會使一個人再如何拼摶也都不能成功！如果我們能花點時間解決問題的根源，而不是死命地和問題的症狀對抗，那麼一整天下來我們也不會如此疲累不堪。不管是從事什麼樣的工作，我們都需要定期上岸修補船身的破洞。

以下幾點策略能幫你成爲「補漏高手」：

(1)**正視漏洞的存在**。許多企業的管理者拒絕承認問題存在的事實，這樣的態度對公司的獲利造成很大的殺傷力。因此你得先正視問題的存在，否則問題永遠解決不了。

(2)**不要誇大問題**。對待問題，以致於問題的裂縫看起來會比實際上大了許多。E・W・豪爾說：「許多人往往把問題誇張成阿爾卑斯山那般高不可攀，結果一輩子都在他們想像中的阿爾卑斯山上橫衝直撞，臨死時還在小土坡上咒罵那些根本不存在的困難。」

一位商人的生意一落千丈，極有可能破產。當一個朋友問他現在可好的時候，他回答說：「難過得很，我一天要接好幾通各國元首打來的電話。」這位朋友嚇了一跳：「他們爲什麼要打給你？」

這個貧嘴的老闆說：「因爲他們喜歡跟問題比他們還嚴重的人講話呀！」不要誇大問題的嚴重性，過度反應或是「災難化」，只會讓主導大局的力量落入問題手裡，對你解決問題的能力沒有任何幫助。

(3)**不要推卸責任**。當一個團隊出現了問題，許多人都會犯一個嚴重的錯誤——那就是把問題歸咎於人，然後把解決問題的責任推得一乾二淨。假設是在一條船上，而船身突然裂出一個漏洞，請問這會是誰的問題？即使這個破洞的確可能是別人的差錯引發的，但趕緊做些調整的補救工作才是明智之舉，否則這個破洞越漏越大，連帶造成的衝突、困擾，甚至於沈船的後果，你同樣得跟著受罪。

喜劇演員菲爾茲曾經這麼說過：「你們要記得，死魚也可以隨波逐流，但是只有活魚才能逆流而上。」高效能的管理者指出，每一個員工都應努力逆流而上，抵抗推諉責任與相互指責的洪流，並且把焦點放在可以解決問題的方法上。自己身在這般船上，不要把精神專注在船身的漏洞上，這樣只會讓你感到害怕、憤怒、絕望或是麻痹。反而會模糊焦點，自然更找不到理想的解決方法。運用你的經驗和見解，才是找出最好解決辦法的關鍵。

(4)尋找堵住破洞的塞子。IBM前任董事長華特森則說：「最糟糕的做法莫過於在問題的死水裡頭等著淹死——我將這條管理學上的金科玉律奉爲圭臬。無論決策正確與否，我們期望經理人快速作決策！倘若你的決策錯誤，問題會再度浮現，強迫你繼續面對，直到做了正確決策爲止！對問題視而不見並不會造成立即性的風險，因這是個輕鬆的選擇，但對於企業管理而言，卻會造成致命的後果。

停止在你的問題上下工夫。這些問題明天還會存在，我們不需要天天重複同樣的老問題，新的挑戰不斷出現，新舊問題累積的力量會很沈重，弗洛伊德說過：「牙痛的人無法談戀愛。」爲什麼呢？因爲他所有的時間都在想著牙痛。

面對陳年的困擾，將它們做一個了結，尋找可供選擇的方法，做出決策，找出解決方案；解決這些問題，你才能迎向新的契機。

製造適當的危機感，因爲危機也能幫助我們成長

處理危機的「道」植根於企業的價值觀和社會責任感，是企業得到社會尊敬的根基；處理危機的「術」卻是

一門操作性很弱的技術，是需要透過學習和訓練來掌握的。「術」的成功往往是使企業之「道」得以傳播的重要工具。那些認爲「公衆總有一天會瞭解眞相的」，以消極態度對待流言的領導者，往往會付出沈重的代價。

在奇妙的中文中，危機是由「危（險）」和「機（會）」組成的，而這正是危機的內在含義。

很久以前，有一個牧羊人在北方寒冷的地方放牧了一群羊。起初，溫度比較適宜羊的生存，牠們日子過得比較舒適，慢慢地便養成了一種不愛動的習慣。冬天來了，氣溫驟降，寒冷的氣候使羊群無法適應，很多羊都被凍死了，牧羊人感到非常難過，爲了羊能更好的生存下去，他絞盡腦汁，最後終於想出了一個看似可怕的方法：在羊生活的地方放了幾隻狼。羊感到了生存的危機，以不斷的奔跑來防止狼的襲擊。這樣的奔跑有效的阻止了寒冷的侵襲。羊反而比以前死的少了。

由這個寓言中我們不難看出，有時候危機反而能夠使我們更好的生存。企業也是這樣，只有將危機意識落實到行動上，才不至於被安逸和舒服所吞噬，才能更好的生存下去，這就是危機管理。其實，危機管理古已有之，中國自古就有「置之死地而後生」的說法。春秋末年，伍子胥在輔佐吳國整軍時，他不是先練怎樣打勝仗，而是先練打敗仗後如何處置，因此多次在打仗時獲勝。

危機也是指導、洞察力以及契機的源興，當我們以正確的態度看待危機時，它帶來的挑戰會使我們振奮、充滿活力，問題能夠讓我們的思考與表現進入新的境界，同時也能夠刺激我們的心智與才能。若以愚昧的態度面對問題，憎恨或是逃避問題，你同時也會錯過問題能夠帶來的好處。

暢銷書作家斯科特・派克對問題有相當精闢的看法：「因爲遭逢問題以及解決問題的整個過程，人生才有意義。問題更是成功和失敗之間的分界線，會激發我們的勇氣以及智慧，惟有透過問題的刺激，我們的心靈以及精神才能夠獲得提升；遭逢問題的打擊以及解決問題的過程固然痛苦，但是這樣的痛苦卻能夠讓我們學到教訓。誠如本傑明・佛蘭克林所說的：『會讓你感到痛苦的事物，同時也能夠讓你學到教訓。』」

在我們身邊，有些企業出現了危機感，結果他們並沒有失敗。危機管理是企業發展的保護傘。在國外，有很多

企業的管理者經常有意識地製造危機，以實際行動去增強員工的危機意識，最大限度地激發他們的積極性。

1974年，日本日立電器公司宣佈其經營狀況不好，對員工進行了一次大開刀，有兩萬多名員工被減薪，20%的員工回家待業一個月。此後又於1975年初，對四千多名管理人員全面減薪。這些危機激勵措施極大地增強了員工的積極性，使他們最大限度地發揮了自己的作用，日立公司的產品增長率不但沒有下降，而且遠遠超越了競爭對手。

因此，不時提醒你的員工，企業可能會倒閉，他們可能會失去工作。這樣可以激勵他們盡其所能，不至於怠慢企業和工作。

實際上，現在企業面臨的競爭越來越激烈，而一些員工卻抱持著無所謂的態度，認爲工作穩定是員工的權利，因此，創造工作中的危機感對企業和員工都有好處。

第十三章

海狸心得13
解決問題的學問

或許是因爲築壩是一門純粹的「實證科學」，所以海狸們從來不會諱疾忌醫，牠們總是會隨時把出現的問題通報給自己的同伴，然後大家一起想出解決問題的辦法，由於團隊規模本身並不大，所以即使是偶爾出現的小事故也會很快被傳達給所有的團隊成員，這樣做的一個好處就是：任何海狸遇到的問題都會成爲其他海狸的告誡，從而最大限度地避免了問題的重複性，並使得很多問題得到了及時而有效的解決。

可怕的諱疾忌醫現象

諱疾忌醫故事講的是一個害怕問題、逃避問題，直到病入膏肓才後悔。扁鵲所處的那個時代，距今已有幾千年，可是這樣的事情在我們身邊還有，甚至即使一而再而三地發生了這樣的事，我們依然沒有覺悟。

有一個學生，上小學時父母問他：「你的成績怎麼是倒數第十名？」他回答：「比我差的還有好幾個呢！」

到了中學，他的成績更落後了，媽媽問他：「你怎麼是倒數第二名?」他回答：「還有人是倒數第一名呢！」高中畢業時，他的成績不夠本科線，只好讀專科，他十分高興地對父母說：

「還有很多同學連專科都沒考上!」

轉眼又到了畢業，未找到工作心裡煩，他與不少哥兒們到處鬥毆被勞教。父母很傷心，到看守所看望他時，他說：「跟我一起打架的哥兒們，還有勞改的呢！」

勞教出來後，他又與同夥一起去搶劫，被判4年有期徒刑。父母到勞改農場去看他，他卻告訴他們：「我們同夥中還有一個判了死刑呢！」

出獄後不久，夥同幾個年輕人又犯了重罪，他被判了極刑。父母見他最後一面時都哭成了淚人，他卻安慰父母說：「你兒子今年四十歲了，這次跟我上路的死刑犯，還有二十多歲的人呢！」

總是一副毫不在乎的樣子，出了問題、出了事情，一點也不放在心上，不檢討自己的行爲，這樣的事情在企業裡也不勝枚舉。問題一而再地發生；產品不良率偏高且無任何改善；極少改善提案；工作極爲被動，推一下才動一下；各種浪費多；安全問題常發生；無標準作業書，規範性差；有標準，但執行力度差；有異常情況常被掩蓋；工

作表面化，不深入；工作效率低，無有效改善；推諉、扯後腿現象多，遇事找藉口；不知道如何設定挑戰目標；客戶抱怨漸多卻無特別舉措；無科學系統地收集並分析重要訊息；沒有任何中長遠的規劃。

如果說上面那個故事是編造的話，那這裡可以例舉一件已被媒體報導的眞實事件。2004年7月17日，「2004生命科學論壇——諾貝爾日」在人民大會堂隆重舉行，每一位諾貝爾獎得主做完報告後，全場均報以熱烈的掌聲。大家要知道，生命科學是當今世界科技發展中最活躍的領域之一，它的發展將推動基因組測序工作、功能基因的研究和基因技術的應用，從而推動整個生物技術的發展，將對科技發展、經濟社會發展產生深遠影響。可在持續近4個小時的4個主題報告間隙，預留的總計40分鐘的提問時間裡，千餘名聽衆竟然沒有提出一個問題。聽衆不提問題究竟是爲什麼呢？當然不是因爲他們都很內行，對諾貝爾獎得主的研究領域非常熟悉。

那麼又是什麼原因呢？是不是出於羞澀靦腆，不習慣在大庭廣衆之下提問？是不是怕提問不夠專業有損顏面，被別人笑話？是不是根本就對諾貝爾獎得主的報告聽不懂，提不出問題？是不是來聽報告，只是出於追星目的，圖個新鮮，看看諾貝爾獎得主到底長什麼樣兒？

總之，無論出於上述何種原因，參加諾貝爾獎得主報告會的都是來自各部門、研究所和大學的聽衆。「沒問題」的背後，卻是一個很大的問題。

倘若是他們的專業素質局限，提不出問題的話，則表明中國生命科學領域的研究水準還很落後，不具備與國際高層次科學家展開眞正意義上的對話和交流的水準，與他們的差距還很大。因此，我們應該奮起直追。

倘若是聽衆出於靦腆或畏怯的心理而不敢提問的話，則暴露出中國科技工作者自身素質還存在很大缺陷。勇於交流、善於交流、期待交流、享受交流，這是從事科技工作的人應該具備的素質。學術發展貴在交流，在交流中才能得到完善和提高，在國際學術界，互相交流討論幾乎是科技工作者的一種生活狀態。在這次報告會上，居然提不出一個問題，而且主持人爲了鼓勵聽衆提問，還說：「這可是一次難得的交流機會，不然，要想再見到他們，恐怕得等到明年了。」話都說到如此，可是臺下依舊沈默不語，正如魯迅先生所言：「不在沈默中暴發，就在沈默中

滅之。」實在令人感歎。

倘若是聽衆對諾貝爾獎得主的報告內容不感興趣，而僅僅爲了一睹諾貝爾獎得主的風采，那麼「沒問題」就更令人感慨萬分了。據報導稱，報告會上聽衆緘默不語，可是大會結束後，很多聽衆卻很踴躍地上前與諾貝爾獎得主交換名片、合影拍照、請求簽名。這不能不讓人懷疑這些人前來聽報告的動機，也許只是爲了證明自己曾經與泰斗人物有過一面之緣？

諸如「2004生命科學論壇」這樣的學術盛會，是中國從事或即將從事科技工作的人與國際學術大師面對面交流求教的難得的機會，理應珍惜。事實上，一個國家，一個民族，研究水準低一點並不可怕，可怕的是水準低卻不珍惜求教的機會，而在沈默和「沒問題」中，輕易地放棄這種寶貴的機會。

人們爲什麼逃避問題

爲什麼人們如此逃避問題？因爲人們犯了錯誤，讓別人知道的話，往往就得負責，負責就意味著要付出代價，甚至這種代價是昂貴的。正是這種觀念導致人們對自己犯了錯誤，或者發現工作中存在問題時，第一個反應可能是害怕，然後安慰自己，問題並不嚴重。事實上，問題並非這麼簡單，可能很嚴重，只是你不願意承認罷了。三隻老鼠一同去偷油。牠們決定疊羅漢，大家輪流喝。而當其中一隻老鼠剛爬到另外兩隻的肩膀上，「勝利」在望之時，不知什麼原因，油瓶倒了，引來了人，牠們落荒而逃。

回到鼠窩，牠們開了一個會，討論失敗原因。

最上面的老鼠說：「因為下面的老鼠抖了一下，所以我碰到了油瓶。」

中間的那隻老鼠說：「我感覺到下面的老鼠抽搐了一下，於是，我抖了一下。」

而最下面的老鼠說：「我好像聽見貓的叫聲，所以抽搐了一下。」

原來如此——誰都沒有責任

現實中，經常能遇到類似的情境。在某企業的季度會議上就可以聽到類似的推諉。行銷部經理說：「最近銷售不好，我們有一定的責任。但主要原因是，對手推出的新產品比我們的好。」

研發經理「認眞」總結道：「最近推出的新產品少是由於研發預算少。就這麼一點預算還被財務部門削減了。」

財務經理馬上接著解釋：「公司成本在上升，我們沒錢。」

這時，採購經理跳起來說：「採購成本上升了10%，是由於俄羅斯一個生產鉻的礦爆炸了，導致不銹鋼價格急速攀升。」

於是，大家異口同聲地說：「原來如此。」言外之意便是：大家都沒有責任。

然而，問題始終沒有得到解決，類似的問題，甚至更爲嚴重的問題還會一而再再而三地發生。這就是逃避責任的結果。逃避責任，實際是一種短視行爲，對企業有害無利。

有一本名叫《責任製造結果》的書認爲，責任感、可信任感和可依賴感是管理哲學的核心，這是對行業環境中的結果和生產力眞正發揮作用的東西。

這本書還認爲，責任感其實是一種選擇，它意味著不尋找藉口，要麼選擇承擔責任，要麼選擇不承擔。責任感從來都不是一個單維度的概念，它一定包含著「對誰」負責和「為誰」負責兩個維度。那些富有責任感的人無論做什麼事，都會比那些責任感差的人更容易成功，責任感使成功者出類拔萃。

當然，肩負責任是困難的，然而，對承擔責任的回報將是長期的自信、被尊重和有力量的感覺。負責任的管理者不是過去歷史的遺留，而代表著未來的呼喚。隨著社會向「責任感」的不斷回歸，負責任的管理者必將成為塑造我們未來的領袖。因為他們是那些能夠持續製造高質量結果的人，他們會成為公司世界中不可取代的部分。

國學大師耕雲先生生前在臺北和北京多所大學中常反覆強調這樣一句話：「話在責任和文務裡」。

美國前總統甘乃迪曾說過：「不要問國家能給你什麼，而要問你能為國家做點什麼！」

一個主動承擔責任的人，就會感到身上有一股無形的壓力，而壓力會讓人產生謀求生活的動力，有了這種動力就會有信心把自己承擔的責任承擔到底。

「鞠躬盡瘁，死而後已」的諸葛亮就是一個盡職盡責的典範。諸葛亮在失掉街亭之後深責自己用人不當，自行請罪，引疚降職、降薪，被千古傳頌。因此，我們在工作中出現失誤時，必須勇擔責任，而不要推諉於人。

發現問題的四大方法

發現問題，需要由許多因素加以組合後而進行，以下介紹幾種發現問題的簡便方法：

(1)3U 法：以不合格（Unreasonable）、不均衡（Uneven）、浪費（Uselessness）等觀點，檢查工作場所的狀況（人力；技術；方法；時間；設備；工具；材料；量；存貨；地點），用思考方式發現問題。

(2)5W1H 法：以5W1H（5W指Who、What、When、Why、Where，1H指How）的觀點，檢查工作場所的狀況，How可分成How To（方法）和How Much（費用）來使用。

(3)4M1E 法：所謂 4M1E 法即是 Man（人員）、Machine（機器、設備）、Material（材料）、Method（方法）、Environment（環境）等五大生產要素。從這五大要素檢查

工作場所的狀況。

(4)**六大任務法**：所謂現場的六大任務，就是生產量（P）、品質（Q）、成本（C）、交期（D）、安全（S）、士氣(M)。依這六大任務檢查工作場所的狀況。

如果能把以上各方組合起來使用，那效果會更好。

正確解決問題的三個原理之道：從撞玻璃門想到修路原理

有一次令我印象深刻的經歷，我們要爲一家企業提供一次內部員工訓練，按照慣例，先做訓前調研，我與該公司總經理進行了一次深入的交流。

這家公司的辦公室在一幢豪華寫字樓裡，落地玻璃，非常氣派。交流中，透過總經理辦公室的窗子，我無意間看到有來訪客人，頭撞到高大明亮的玻璃大門。大約過了不到一刻鐘，竟然又看到了另外一個客人在剛才同一個地方頭撞到玻璃。前臺接待小姐忍不住笑了，那表情明顯的含意是：「這些人也眞是的，這麼大的玻璃居然看不見，眼睛長到哪裡了？」

訪客不小心，頭撞到玻璃門，可能一般人都認爲問題出在這些訪客身上，誰叫他們不長眼睛呢？事實上，問題

並非如此，我們思考過嗎？爲什麼同樣的問題在不同人身上都出現了呢？其實，問題出在玻璃門上。正確的解決可以在這扇門上貼一根顯眼的標誌線，或貼上一個公司的標誌圖。

由此，我想到了修路定理。

這個定理講的是當一個人在同一個地方出現兩次以上同樣的差錯，或者，兩個以上不同的人在同一個地方出現同一差錯，那一定不是人有問題，而是這條讓他們出差錯的「路」有問題。此時，身爲管理者，最重要的工作不是要求人們不要重犯錯誤，而是修「路」。

如果一個人在同一個地方摔跤兩次，或兩個人在同一個地方各摔跤一次，他們會被人恥笑爲兩個笨蛋。按照「修路」定理，正確的反應是：是誰修了一條讓人這麼容易摔跤的路？如何修正這條路，才不至於再讓人在這裡摔跤？如果有人重複出錯，那可能是對他訓練不夠、相關流程不合理、操作太過於複雜、預防措施不嚴密等。如果有人工作偷懶，那一定是因爲現行的規則，即「路」能給他人偷懶的機會；如果有人不求上進，那一定是因爲激勵措施還不夠有力，或至少是你還沒找到激勵他的方法。如果有人需要別人監督才能做好工作，那一定是因爲你還沒有設計出一套足以讓人自律的遊戲規則；如果某一環節經常出現扯後腿現象，那一定是因爲這段「路」上職責劃分得不夠細緻、明確。如果經常出現貪污腐敗現象，那一定是「路」給了他們許多犯罪的機會。鄧小平認爲：好的制度能讓壞人做不了壞事，不好的制度，能讓好人變壞。

制度就是路。如何做到對事不對人？一方面，儘量提升人的素養，不要那麼容易被「路障」絆倒；更重要的是立即把「路」修好，讓它不容易絆倒別人。與「修路」定理相似的還有一個「垃圾桶」理論，對人們也非常有啓發性。這個理論講的是：荷蘭有一個城市爲解決垃圾問題而購置了垃圾桶，但由於人們不願意使用垃圾桶，亂扔垃圾現象仍十分嚴重。

該市衛生機關爲此提出了許多解決辦法。

第一個方法是：把對亂扔垃圾的人的罰金從25元提高到50元。實施後，收效甚微。

第二個方法是：增加街道巡邏人員的人數，成效亦不顯著。

後來，有人在垃圾桶上出主意：設計一個電動垃圾桶，桶上裝有一個感應器，每當垃圾丟進桶內，感應器就有反應而啓動答錄機，播出一則故事或笑話，其內容還每兩週換一次。這個設計大受歡迎，結果所有的人不論距離遠近，都把垃圾丟進垃圾桶裡，城市因而變得清潔起來。

因此，只要一發現有問題，立即「修路」。管理進步最快的方法之一就是：

每次完善一點點，每天進步一點點，每個人每一次都能因不斷修「路」而進步一點點。修路定理告訴我們，管理者的核心職責是：修路，而不是管理人。有了問題其實並不可怕，應當勇於承認問題。美國企業家M・K・阿什說：「承認問題是解決問題的第一步。」有些問題也許當你承認了能夠在萌芽狀態就被阻止。而當問題嚴重到衆人皆知、無法挽回時才承認也就沒有意義了。對於問題的解決，我們不妨把它清楚地寫出來，讓優勢和劣勢都一目了然，這時離難題的解決也就不遠了。

通用汽車公司管理顧問查爾斯・吉德林認爲，把難題清楚地寫出來，便已經解決了一半。爲什麼說把問題寫出來，可以解決問題呢？《孫子兵法》說得好：「知己知彼，百戰百勝」。不把難題清楚地認識難題對的解決確實有著讓人吃驚的效果。

解決難題還有一個重要的策略就是疏導。凡是有生活常識的人都知道這樣一個現象，在高大建築物頂端安裝一個金屬棒，用金屬線與埋在地下的一塊金屬板連接起來，利用金屬棒的尖端放電，使雲層所帶的電和地上的電逐漸中和，從而保護建築物等避免雷擊。這就是「避雷針效應」。

中國有一個「大禹治水」的典故，大禹的可貴之處，除其敬業精神外，就是他懂得疏導，改變了人們的「水來土掩，兵來將擋」僵化的思維模式。鯀禹治水分別採取的「堵」和「疏」兩大策略，與企業管理中的「管」與「理」極爲相似。

堵者，解決問題喜歡訓斥、批評，甚至處罰。脫口而出，好似炮彈猛擊，威脅、恫嚇，採用「貓抓耗子」的辦法——那又怎麼樣呢？「貓走了老鼠亂如麻」。

越堵，漏眼越多；越堵，漏洞越大。雖然辛苦，但收效甚微，結果反而惡化了上下級之間的關係，醜化了管理者在員工心目中的形象，也讓員工對公司、對上司失去了

信心。

導者，就是對難題「活而不亂，管而不死」，就是全面地瞭解下屬和研究員工，一分爲二地看待問題。發揚和依靠員工身上的積極因素：優點——長處——先進因素；克服員工身上的消極因素：缺點——短處——落後因素。對待出現問題的員工，堅持不懈地進行轉化工作，滿腔熱情地尋找他們身上哪怕是處於萌芽狀態的積極因素，並創造條件，積極扶植，予以發揚，使積極方面逐漸增大，形成新素質。對待業績優秀的員工，要使他們認識自己的缺點，提醒他們在表揚聲中尋找差距；同時要利用他們積極向上的優點，向他們提出更嚴格的要求，使之成爲員工集體中的楷模和典範，在公司裡樹立起先進和榜樣。

出了問題，先看「路」，多修「路」，從「路」上找問題，而非「人」。這才有利於解決於問題。在垃圾桶上安裝感應式答錄機，丟垃圾進去播出一則故事或笑話，效果遠比那些懲罰手段好得多，既省錢又不會讓人們感到厭惡。同樣，要解決員工在工作期間偷懶的問題，要懂得「避雷針效應」，多「疏」少「導」。因爲，用監管和處罰的手段實際上也是很難奏效的，因爲員工的工作成效主要還是要靠其用心努力。員工偷懶還是忙裡偷閒？是員工自身的原因還是公司管理出了問題？具體問題要具體分析。在處理員工偷懶問題上，加強溝通很重要。須注意的是：讓員工超時且拘束地工作，已是不合時宜的管理方法；給員工多點理解、關心和體諒，會有助於發揮員工的工作積極性和創造力。

第十四章

海狸心得14

如何把想法變成做法

對於海狸們來說，想法就是做法，牠們似乎根本無法想像「空談」到底有什麼意義。海狸們每天的工作就是把想法變成做法，否則牠們的水壩設計規劃就將毫無意義。可是值得管理者們借鑒的一點就是：在構想的階段，海狸們會考慮到三個問題：這個規劃是否具有可實踐性？執行者是否已經接受了足夠的培訓，以及掌握了足夠的技能？執行者們是否得到了足夠的配合與支援？

司馬夫人果斷決策的故事

《漢書・楊敞傳》中有這樣一個故事：

大將軍霍光是漢武帝的托孤重臣，輔佐八歲即位的漢昭帝執政，霍光身邊有個叫楊敞的人，頗受霍光賞識，升到丞相職位，封爲安平候。其實，楊敞爲人懦弱無能、膽小怕事，根本不是當丞相的料。

西元前 74 年，僅 21 歲的漢昭帝駕崩於未央宮，霍光與衆臣商議，選了漢武帝的孫子昌邑王劉賀作繼承人。誰知劉賀繼位後，經常宴飲歌舞、尋歡作樂。

霍光聽說後，憂心忡忡，與車騎將軍張安世、大司馬田延年秘密商議，打算廢掉劉賀，另立賢君。計議商定後，霍光派田延年告訴楊敞，以便共同行事。楊敞一聽，頓時嚇得汗流浹背、驚恐萬分，只是含含糊糊，不置可否。

楊敞的妻子，是太史公司馬遷的女兒，頗有膽識。她見丈夫優柔寡斷，心裡著急，趁田延年更衣走開時，上前勸丈夫說：「國家大事，豈能猶豫不決。大將軍已有成議，你也應當速戰速決，否則必大難臨頭。」楊敞在房裡走來走去，還是拿不定注意。正巧此時田延年回來，司馬夫人迴避不及，索性大大方方地與田延年相見，告知田延年，他丈夫願意聽從大將軍的吩咐。田延年聽後高興地走了。

田延年回報霍光，霍光十分滿意，馬上安排楊敞領衆臣上表，奏請皇太后。

第二天，楊敞與群臣謁見皇太后，陳述昌邑王不堪繼承王位的原因。太后立即下詔廢去劉賀，另立漢武帝的曾孫劉詢爲君，史稱漢宣帝。

這是一個關於決策的歷史故事，在決策時，對於今天的企業而言，首先必須要保證決策的正確性，在做決策時應當果斷，再下來是執行。故事中講的是要果斷決策，楊

敞的膽小怕事，深怕闖禍而猶豫不決，幸好其司馬夫人是個有魄力的人，否則眞的大難臨頭。

當斷不斷，反復受患。決策不應當拖延，等待不但造成無力，而且會導致別人懷疑你的管理能力。在進行調查、權衡利弊、做出選擇時，拐彎抹角會耗費許多不該耗費的時間。

企業如何有效決策

那麼，如何保證決策的正確，並提高決策的效率呢？

(1)多方調查，從可行方案中擇優。正確的決策，需要調查實際情況、找出可行方案、選出最優方案，其依據的事實來源的管道各有一定的寬度，包括員工、客戶、業務報告及其他測測評估果。

(2)保持開闊的思路，有利於列出一份完整的清單，找出所有可能採取的行動方案。許多看似異想天開的想法，如果與此結合起來看，對決策是有價值的。

(3)確定一個期限，與猶豫不決做爭鬥。在確定的時間內強迫自己做出最佳判斷。如果你正面臨一系列無可誇向的選擇，你不妨「兩害相權取其輕」。

(4)當某種決策可能會引起爭論時，你的決策會得罪人，你需要使用一些外交辭令，如：「對你的處境，我很理解，但我必須衡量什麼對我們公司最有益。」或者「諸位總是公說公有理，婆說婆有理，這實在很難做到讓大家都滿意。」

把決策落實到「地方」，就是要處理好「領」與「導」的關係

在這個越來越強調創意策略的年代，平庸的策略是最大的錯誤，只能將工作引向失敗。然而策略的傑出並不能保證完全的勝出，其中很重要的一點就是需要與之能匹配的傑出的執行。

美國企業家H・格瑞斯特說：「傑出的決策必須加上傑出的執行才能奏效。」

巴克、沃爾瑪、通用電氣、IBM、微軟、戴爾等企業成功，都與其傑出的執行力有著直接的關係。一個組織要創造價值、實現利潤，都要靠付諸執行的行動。沒有傑出的執行，再好的策略也只是空談。

領導一旦做出決策，管理人員就應當執行，落實好政策。否則再正確的決策也是無效的。美國前眾議院院長奧尼爾說：「所有的政治都應是地方的。」

然而，現在企業的許多決策，往往就是在落實時問題最多，執行不到位，最終不能達成目標。一個重要原因就是：企業內部的高度「資訊不對稱」。在企業管理的成本中，資訊溝通成本所占比例越來越大。

企業中存在資訊不對稱的外部表現就像有些人說話時的「口吃」。某位著名企業家從小就有「口吃」的毛病。其母對他說：「你口吃是因爲你的腦子太聰明，腦子比你的嘴快。」從而幫助其解除了自卑心理。企業的「口吃」也是高層決策的制定速度快於其資訊的傳達以及實施能力的調查速度的體現。

通常，一項決策，是高層經理透過深思熟慮制定的，熟悉到作夢都能夢到的地步。但是溝通不暢造成的後果是企業決策在員工眼裡是「帶來的孩子——別人的」，不同級別的員工會分別處於「知道不知道」、「理解不理解」或「相信不相信」階段。很多決策，當從上級傳到下級的時候，就像遊戲一樣，最後內容變得面目全非了。資訊不對稱，造成上下級的溝通要損耗很多能量。這就是好的決策不能實施的代價。管理人員對上頭的決策方案的宣傳和推廣應當到位，讓員工眞切地感受到愛的存在和效力。對此，可能透過電子郵件告訴員工，或者直接發文件，但是不是每個員工都收到了？都理解了？跟實際工作都掛上了鉤所以就要發揮作用，去衡量、去評估。不要像有些公司，自己公司的策略，報社記者居然比內部員工還清楚。領導者在決策時，必須從企業和員工的切身利益出發，處理好「領」與「導」的關係，讓員工知道領導者的所作所爲和他的利益密切相關，甚至是爲他而做，這才有利於下一步的執行。

我們來看這樣一個試驗：

安排 A、B、C 三組人，讓他們沿著公路步行，分別向十公里外的三個果園行進。

A組不知道去的果園叫什麼名字，也不知道它有多遠，只告訴他們跟著嚮導走就是了。這個小組剛走了兩三公里時就有人叫苦了，走到一半時，有些人抱怨說：「爲什麼要大家走這麼遠，什麼時候才能走到？」有的人甚至不願意再走了。

B組知道去哪個果園，也知道它有多遠，但是路邊沒有里程碑，人們只能憑藉經驗大致估計一下需要走兩個小時左右。這個組走到一半才有人叫苦，大多數人想知道他們已經走了多遠了，比較有經驗的人說：「大概走了一半

的路程。」於是大家又簇擁著向前走。當走到四分之三的路程時，大家情緒低落，覺得他們的路程似乎還長著呢！而當有人說快到了時，大家又振作起來，加快了腳步。

C組最幸運，他們不僅知道所去的是哪個果園，它有多遠，而且路邊每公里都有一塊里程碑。人們一邊走一邊留心看里程碑。每看到一個里程碑，大家便有一陣小小的快樂。這個組的情緒一直很好。

走了七、八公里以後，大家確實都有些累了，但他們不僅不叫苦，反而開始大聲唱歌、說笑，以消除疲勞。最後的兩三公里，大家越走情緒越高，速度反而加快了，因爲所有的成員都知道所要去的果園已近在眼前了。

這個試驗說明什麼呢？當人們的行動有著明確的目標，並且把自己的行動與目標不斷加以對照，清楚地知道自己行進的速度和不斷縮小達到目標的距離時，人的行動動機就會得到維持和加強，人們就會自覺地克服一切困難，努力達到目標。企業管理者的職責就是統一全體成員的意見和行動，並爲他們確立目標，提供行動的方向。所謂「領導」，就是要爲成員們「指導方向」、「領而導之」。只有這樣做，方可稱得上是「領導」。但是有些管理者以爲下屬對於要做什麼已經很清楚了。可是當問及員工時會驚異地發現，十之八九不是一回事。

因此，身爲管理者，一定不要偷懶、怕麻煩，得讓員工知道，知道他們在做什麼？爲什麼要這樣做？是爲誰而做？糊裡糊塗的執行，無法得到員工齊心協力的支援，企業的決策最終只會以失敗而告終。

讓傑出的理念有傑出的執行

故事是最有說服力的，我們來看一個眞實的故事。不久前，一位日本商人帶著新婚妻子去菲律賓旅行，發現有一種東西很受當地人的歡迎。這東西價格便宜，商人的妻子對此物愛不釋手，便讓商家用精美的盒子一包一包包裝好，一口氣買下很多帶回到日本。

一回家，他和妻子就把這種東西分贈給親朋好友。奇怪的是，這種東西一送出去，親戚朋友就又紛紛上門討取，而且向他們打聽賣這種東西的商店，也想買一些送自己的親戚朋友。但尋遍整個日本，誰都沒找到賣這種東西的店鋪。

這是一種什麼東西竟然如此討人喜歡？原來，這是生

長在熱帶海上一種普通小蝦，雌雄蝦自幼從石頭縫爬進去，然後在裡面長大。因爲牠們幼時身體較小，所選擇的石頭的縫隙也很小，正因爲如此，它們長大後，就出不來了，雌雄蝦也就在石頭裡「白頭偕老」。

眼看此物這麼受人歡迎，日本商人就專程飛往菲律賓進口一大批雌雄蝦，然後以「偕老同穴」命名，把牠進行精美包裝出售。顧客們認爲這種「愛情」蝦能給新婚夫婦帶來幸福。

即使不是自己結婚，他們也會作爲禮物買上一兩對送給結婚的親朋好友。意想不到的是，這種蝦一擺上臺，便供不應求。日本商人一下子成了當地富翁。

爲什麼日本商人以區區代價就獲得了成功豐厚的回報呢？顯然，他的成功既非工藝複雜，也非高成本投入，事實上，這是一種理念的使然，日本商人抓住了雌雄蝦這種愛情專一，從一而終的獨特象徵，以愛情爲主題，大肆做人蝦合一的理念的宣傳。這種理念的宣傳正好吻合了消費者渴求幸福美滿的願望。

托馬斯・H・達文波特（埃森哲戰略變革研究院主任、美國巴布森學院資訊技術與管理領域的著名教授。

2000 年被《CIO》雜誌評選爲「新經濟十大傑出人物」之一。著有《注意力經濟》、《關鍵使命》、《流程創新》）認爲：一種新的商業理念被有效地執行時，它們就會對組織產生許多積極的作用。和其他任何一種形式的說法一樣，它們能夠啓發、激勵和給組織以及個人帶來更加努力工作並且再試一次的能量。新的商業理念能夠爲組織帶來更高水準的活力，並且實現組織復興。它們是組織變革的動力，有助於組織適應環境。許多商業理念都包括自我評價這一步，在這一步中，組織能夠從審視自己、聆聽自己的聲音並且從組織自己如何展開工作中獲益。新的商業理念能夠使個人精力充沛，從而使得他們更加努力地工作、進行更具創造性的思考。每天都反反復復做同樣的工作，必然讓人產生厭倦。

但是沒有任何經驗證據顯示簡單地採用新的商業理念就一定能夠帶來更好的企業業績。實際上，理念和業績並不存在必然的聯繫。

對組織而言，商業理念有兩個基本的作用。一是實實在在地改善了，或者試圖改善組織的業績。它並不總是有效，但是改善成本、縮短周期、提高財務業績和市場分額等等都是新的商業理念可能會帶給組織的益處，而且如果

它們得到有效實施的話，就會給企業帶來這些利益。它們所扮演的另一個角色是提供了合法性。它們顯示一個組織和組織中的個人都孜孜不倦地試圖改善它們的企業——無論它們是眞的還是假的。

在當今這個知識經濟的時代，商業理念對於企業而言可能是最爲寶貴的無形財富之一，這是無庸置疑的，然而，如何在企業中進行理念管理，卻是一個新的課題。商業理念已經遠遠超越了經濟本身的範疇。從 20 世紀初開始，商業界開始出現眞正意義上的企業大師，他們提出並傳播各種管理理念，這些科學管理理念在當時看起來具有高度理論，並且，歷史性地代替了長期以來被推崇備至的經驗法則，慢慢開始盛行。伴隨著歷史的演變，越來越多的企業管理者，對於「全面質量管理」、「流程再造」、「平衡記分卡」等概念不再陌生，並自覺或是不自覺地在管理中運用了這些理念。

長期以來，商業界一直存在這樣一個誤解，人們認爲那些非凡卓越的商業理念，都是那些商業大師創造的。然而，事實上，理念的眞正創造者其實就在我們的企業內部，很多的商業理念，如流程再造，眞正的創造者是企業的中層管理者——我們暫且把他們稱爲理念實踐者。

商業管理理念要想在一個企業得以成功實施，還有一個人群顯得尤爲重要，那就是企業的領導者。因爲，理念實踐者如果沒有領導者的支援，就不可能獲得很好的效果。

這些理念實踐者確定了什麼樣的理念適合他們的組織、對理念進行修改以適應他們的需求，並且動員組織的力量把這些理念變成現實。

在把新的理念引入企業以及在企業中實施理念的全部過程中，理念實踐者扮演著最重要角色。他們是理念和行動之間的紐帶。如果沒有他們，新理念始終會徘徊在企業的邊緣，絕不會嵌入到企業的實踐中。而且，這些理念不會發生什麼實際的效用。這些經理人不是成型理念的消極接受者。好的理念實踐者都對他們所實施的理念進行過濾、增加或者刪減，使這些理念能夠符合企業的具體需求。

我們把理念實踐者定義爲那些使用業務改善理念以便使得組織發生變革的個人。在職業生涯的某些時間點上，他們或許會承擔實現這種目標的管理職責。

他們或許會在職業生涯的某個時點上變成諮詢顧問或者大學教授，但是他們一直都爲「眞正」的公司或者政府部門工作。即使當他們擺出絕對正確的架勢宣傳某些理念或者自己創造新理念時，他們所依據的通常也只是他們自己的經驗。

人們都知道通用電氣公司（GE）是一個具有創新精神的公司，但是它之所以擁有這個美譽，主要是因爲其具有創新精神的商業理念和管理理念，而不是其在產品和服務方面所取得的重大突破。早年的CEO，例如拉爾大・科迪納（Ralph Cordiner）以及雷吉・瓊斯（Reg Jones）在他們的任期中都以採用創新性的商業理念而和威爾許齊名。

20世紀80年代和90年代，處於威爾許領導下的GE公司是一部眞正的理念機器。儘管GE在他的領導下的確也保持著集團公司的形式，但是他禁止使用術語，而且重視把相關的企業整合在一起。他宣揚「群策群力」（把流程改善和鼓舞員工士氣結合在一起）、「尤邊界」（好的理念應當能夠在GE的所有邊界之間通行無阻，並能從外部傳入內部）「迅速、簡沾和自信」、「6西格瑪」和「數位化」以及其他一些理念。他在GE年報中的信變成了一個尋找管理理念的可靠場所，在隨後的月份和年度中，這些理念將重塑GE以及其他許多公司。

書爾奇和GE並不僅僅是空談理念；他們熱情地實施這些理念，一旦一個理念變成了公司的一個主動行動，那麼它就嵌入了公司的「作業系統」之中，或者說是嵌入了其管理方式之中。此時有4個關鍵的行動：全球化、6西格瑪、使服務業務增長和數位化。每月至少有一次管理會議要討論和監控它們的實施情況。

GE這樣描述其作業系統：「它是一系列一年到頭的高強度學習會議，企業的CEO、角色典範以及來自GE和外部公司具有首創精神的鬥士們在這些會議上相遇，共用全世界的知識資本：它的最佳理念。」

GE也支援這些理念的實施，但並不是趕時髦。全球化的實現經過了十幾年周而復始的努力。6西格瑪跨越了5年時間，以服務爲導向歷經6年，電子商務耗時3年。

身爲一個衆目睽睽之下的CEO，威爾許因爲使用管理理念重振GE而獲得了許多榮譽。

正如對於女人來說，永遠沒有世界通用的最好配偶一

樣，對於企業來說，永遠沒有世界通用的最好理念。只有最合適的才是最優的。身爲企業領導者或是管理者，擁有「理念管理」的觀念還僅僅是這個漫長旅程的第一步，如何運用這些理念來創造高附加值的經濟價值，將是進入新經濟時代的關鍵。

國家圖書館出版品預行編目資料

海狸兵法／于漢源著.
初版－－台北市：宇河文化出版；
紅螞蟻圖書發行，2005〔民94〕
面　　公分，－－(知識精英;10)
ISBN 957-659-508-8 (平裝)

1.企業管理

494　　　　94009191

知識精英 10

海狸兵法

作　　者／于漢源
發 行 人／賴秀珍
榮譽總監／張錦基
總 編 輯／何南輝
文字編輯／林芊玲
美術編輯／林美琪
出　　版／宇河文化出版有限公司
發　　行／紅螞蟻圖書有限公司
地　　址／台北市內湖區舊宗路二段121巷28號4F
網　　站／www.e-redant.com
郵撥帳號／1604621-1　紅螞蟻圖書有限公司
電　　話／(02)2795-3656（代表號）
傳　　眞／(02)2795-4100
登 記 證／局版北市業字第1446號
法律顧問／通律法律事務所　楊永成律師
印 刷 廠／鴻運彩色印刷有限公司
電　　話／(02)2985-8985・2989-5345
出版日期／2005年6月　第一版第一刷

定價 220 元

ISBN 957-659-508-8　　**Printed in Taiwan**